トヨティズムを生きる

名古屋発カルチュラル・スタディーズ

鶴本花織・西山哲郎・松宮朝 編

せりか書房

トヨティズムを生きる――目次

はじめに

カルチュラル・スタディーズからトヨティズムを考える意味について

西山哲郎

二〇〇三年の夏に東京ではじまったカルチュラル・タイフーンは、日本で唯一のカルチュラル・スタディーズをバックボーンとした学術イベントである。その誕生の経緯は初回大会の記録である『文化の実践、文化の研究』（伊藤守編、二〇〇四）の前書きに詳しいが、それ以降も、沖縄、京都、東京（下北沢）で活動が繰り広げられてきた。二〇〇七年は名古屋で開催され、その成果の一部がここに集められている。

欧米ですでに一定の市民権を得ていて、特にイギリスでは社会学よりポピュラーな存在になっているカルチュラル・スタディーズだが、学術風土や政治風土の異なる日本では、なかなか一時の流行以上のものになりきれていない。原因はいろいろ考えられるが、私見では、それが理論と実践の乖離をことのほか嫌うことにあったのかもしれない。ディベートの習慣のない今の日本で、「ディアスポラ」や「マルチチュード」といった独自の用語は、地道に地域住民のなかでものを考えてきた人々にとって、ともすれば浮華なものに見えてしまう。一方、言葉が難しければ難しいほど、それにのめりこむ人々にとって、実践を迫るカルチュラル・スタディーズはどうにも居心地が悪い。その狭間で日本のカルチュラル・スタディーズは、かつての「構造主義」や「ニューアカデミズム」と同様、消費され尽くそうとしている、かに見えた。

こうした悲観的な状況に対して、カルチュラル・タイフーンは理論と実践の二元論的乖離を打破する突破口であり続けてきた。少なくとも、名古屋大会に集まってきた人々、研究者（の卵）たちや活動的な市民たちはそれを期待していたし、今振り返れば、ある程度までそれを実現できたと思う。開催を呼びかけてから大会を実現するまでの数ヶ月は、名古屋で問題にすべき文化とはなんなのか、学問領域の違いや職業の違いを越えて語り合えたし、その後もこの本の編集作業を通じて同じテーマを考えてこられた。大会を機に培われた人脈を通して、我々はCultural Typhoon 2007 in NAGOYAが残した

「宿題」を話し合ってきたし、今後もそれは続くだろう。

◆

俯瞰的にまとめれば実りの多かった名古屋大会ではあるが、最初はともに議論すべきテーマを設定する上で、かなりの困難があった。これまでの大会は、日本の文化シーンの中心として確固たる地位をもつ東京と京都で主に開催されてきた。例外は沖縄だが、ここはここで話題に事欠かない。もちろん、沖縄を日本文化の周縁とか、異文化との境界として安易に定位する姿勢には問題があるが、その点は初回大会のもうひとつの記録『沖縄に立ちすくむ』（岩渕功一・多田治・田仲康博編、二〇〇四）ですでに議論されているから、ここでそれを繰り返す必要はないだろう。

一方、名古屋は「日本第三の都市」を標榜するものの、特性のない「白い街」とも呼ばれ、自己表象には常に困難が付きまとう。中部圏の経済規模が関西圏を追い抜いても「日本第二の都市」を標榜する人は現れないし、むしろいまだに新幹線のぞみ開通時（一九九二年）に名古屋駅をスキップする列車編成があったことが話題になり、「名古屋とばし」として地域のトラウマになっている。

これに対して、他県の人間からは「名古屋にはトヨタがあるじゃない」といわれるかもしれない。確かに、東海・中部圏におけるトヨタ自動車とその系列会社の影響力は絶大なものがあるし、特に一九九〇年代以降、この地域に急速に増加した日系外国籍労働者は、自動車産業の存在とぜひ関連づけて議論すべきテーマに見えるだろう。しかし、地元のメンバーの多くは、名古屋というロケーションと自動車産業を無条件にくくりつける外部の視線を鵜呑みにはできなかった。

外国で「お前は日本のどこから来た？」と聞かれたとき、「ナゴヤから」と言っても首をひねられるが、「トヨタの本社があるところ」というと納得されるのは名古屋市民の多くが経験することだ。しかし、地元の人間にとって、トヨタが長らく本社を置いてきた豊田市は、江戸時代でいえば「三河の国」であって、いまだ隣国気分から抜けきれない。同じ愛知県でも、名古屋は「尾張の国」なのだ。たとえ県の産業生産高の過半数が自動車関連産業で支えられていても、「尾張名古屋は城でもつ」のだ。

もっとも、そうした地元の認知地図は、二〇〇五年の愛知万博開催を契機に急速に変化しつつある。環境反対運動で中止になりかかったこのイベントは、名古屋の政財界がトヨタに頭を下げ、人とお金と知恵を出してもらうことでようやく成功にこぎつけた（つまり、赤字を出さずに終了できた）。この国家事業を口実に、（自衛隊との併用でない）本格的な国際空港の建設が推進され、おかげで「名古屋とばし」のトラウマはずいぶん解消された。同時に、名古屋大都市圏の外縁を囲むように東海環状自動車道と伊勢湾岸自動車道が開通し、名古屋はいよいよMotownとして生まれ変わろうとしている。

この変化に止めを刺したのが、カルチュラル・タイフーンが名古屋で開催される直前の二〇〇六年に、名古屋駅前に完成したビル、ミッドランドスクエアであった。ここにトヨタは実質的な本社機能を移転し、東京から海外営業部も異動させて、名古屋から世界に号令をかけることで地元の盟主としての地位を固めつつある。ミッドランドスクエアが、それまで名古屋で一番高いビルだった名古屋駅ビル（JRセントラルタワーズ）を二メートルだけ上回って建てられたことは、トヨタの地元に対する意思表明として受け取られている。他を睥睨するのに「二メートルだけ上でいい」という世知辛い合理性はいかにもトヨタらしいが、そのビルの建設に名古屋市から六億円の助成金が出ていることは、地元でもあまり知られていない。

トヨティズムの限界

話を元に戻すと、中部圏どころか、日本全体、あるいは世界全体の経済にまで影響力をもつ（本書の第Ⅰ部で示されるように、グローバルな政治にも影響力をもつ）トヨタが、なぜ地元では文化の中心たりえないのか？　それは決して、尾張・三河の皮相な地域対立に由来するものではない。

確かに、「カイゼン」や「ジャスト・イン・タイム」といった概念（ないし実践のノウハウ）は世界を席巻した。年毎に二桁の経済成長を続ける中国の自動車工場でも大野耐一の著書『トヨタ生産方式』がバイブルとなっており、イタリアの高級自動車フェラーリの工場でも「Kaizen」の標語が掲示されている。地元でも、世界に冠たる株式会社トヨタ自動車に誇りをもち、創業者一族に畏敬の念を抱く人は少なくない。カルチュラル・タイフーン名古屋大会で、展示会場のひとつとなった豊田佐助（トヨタグループ創業者・佐吉の弟）邸を管理するボランティアの方が、「豊田様《とよだ》」と呼んでいたことは、今も印象に残っている。

しかし、同時に地元だからこそ、「カイゼン」や「ジャスト・イン・タイム」がどういう犠牲を払って実現されているかを具体的に知っている。旧名の挙母《ころも》市から、一九五九年にトヨタの社名にちなんで名称変更されて以来、豊田市は自動車産業とともに発展してきた。愛知県のなかでは、名古屋市を別格として、東西の交通の要衝である豊橋市と昭和の時代から人口規模で一、二を争ってきた。住人の大半はトヨタ関連企業に勤務し、市内のあちこちに建てられたトヨタ工場の長は、しばしば自治会長を兼任している。そんな豊田市において、娯楽施設といえば郊外型の大型パチンコ・スロット店か、あるいは「健全な」運動施設しかない。犯罪の温床ともなるが、生活に幅をもたせる歓楽街は事実上存在しない。市の中心部を除けば、居酒屋も車でしか行けそうにないところへ点在している。風俗で遊びたければ休日に岡崎や名古屋市内に出るしかない。

そもそもターミナルを除けば、この地域に駅前商店街というものは存在しない。昨今の「郊外化」によって寂れてなくなったのではなく、元から存在しなかった。スーパーマーケットが日本に広まる以前、一九四五年からトヨタ生協は存在していた。トヨタ生産方式の父・大野耐一はアメリカのスーパーマーケットを見てヒントを得たと書いているが、その外遊以前にトヨタは消費生活にも自社の生産方式の合理性を転用していたのである。

結局、「乾いたぞうきんをさらに絞る」と呼ばれるトヨタ式の合理化圧力は、生活の豊かさ、生活のゆとりとしての「文化」とは相容れないのではないだろうか。その疑問に答えるために、トヨタ式の生産・生活様式の融合(トヨティズム)に先立つフォーディズムについて考えてみよう。

生活様式としてのフォーディズム

フォーディズムとは、狭義にはフレデリック・テイラーが発案した工場労働の合理的な管理法を具現化したものであり、ベルトコンベアーの導入に代表される合理的な大量生産方式を指す。しかしフォーディズムの創始者ヘンリー・フォードは、単に自動車産業の改革者であったのではない。彼は大量生産様式を確立すると同時に、そこから生み出される大量の商品をめぐって展開される現代的な生活様式(消費社会)の発明者でもあった。

チャップリンの映画「モダンタイムズ」に見られるように、フォーディズムはしばしば単純化され、機械的な文化破壊者として語られることが多いが、実はそれに尽きるものではない。アントニオ・グラムシはそれを過去のしがらみにとらわれない革命的な生活様式（アメリカニズム）をもたらすものとして、あくまで両義的にではあるが評価していた。

フォーディズム以前の資本主義は、帝国主義による植民地支配とセットになって、（マルクスが克明に分析したように）労働者の一方的な搾取から利潤を絞りだしていた。しかしフォーディズムは、労働者にそれ以前では考えられなかった高給をもたらし、彼らがつくる車を（ローン制度を導入してではあるが）自分で買えるようにした。フォーディズムは合理的な大量生産方式の導入によって、それ以前の工場労働（あるいは機械化されていない農作業）と比べて労働者の働く時間を画期的に短くした。フォーディズムの下での労働者は、一日最低八時間は単調で肉体的に厳しい労働を課せられたものの、彼らには帰るべきマイホームがあり、休日には田園や海岸に遊びに行ける自由な交通手段（＝車）が与えられた。

前述のスーパーマーケットは、フォーディズム的な生産方式に必然的にともなう、それを裏返しにした消費方式としてアメリカで発展した。フォーディズムは、厳しい労働条件の下で「手から口」の生活しかできなかった一般大衆に、人生設計というものを可能にし、将来の奢侈のために現在の労苦を耐え忍ばせる生き方を教えた。そうして労働者は市場の一部として組み込まれていった。

また、一九一九年にはフィアットの工場が労働者によって占拠され、経営・管理側の人員を排除したまま自動車生産が続けられる事件があったが、それを主導した工場評議会をグラムシは高く評価していた。労働者から自己の労働に対する裁量権を奪い、思考判断を管理職側に集中するはずのテイラーシステムの導入が、こうした自己管理能力のある労働者を生み出したのは、まさに歴史の皮肉であろう。しかしグラムシは、それを単なる偶然とかたづけず、フォーディズムが必然的にもたらす帰結とみなしていた。高給を提供する代わりに、起床時間から余暇の過ごし方まで労働者に指図するフォーディズムは、結果論的にではあるが、彼らに生活と生産を管理する能力を与えたのだ。

フォーディズムの徹底としてのトヨティズム

トヨティズムもまた、フォーディズムと同じく合理的な生産方式を意味するだけでない。すでに言及したトヨタ生協では労働者に安価な消費財を供給してきたし、子会社のトヨタホームでは、画一的とはいえ機能的な「終の棲家」をローンと引き換えに提供してきた。さらにトヨティズムは、休みの日にも運動会やお茶の会に労働者とその家族を招待し(「動員し」と言ってもいいが)、生活を丸抱えで面倒みてきた(つまり管理してきた)。

豊田市の全域にひろがる工場群は、その合理的な生産のために「トヨタカレンダー」と呼ばれる生産スケジュールを共有しているが、それが豊田市内の一般生活にも波及効果をもたらす。トヨタとその関連会社に勤める人はもちろんだが、トヨタと直接関係をもたない地域の商店や地方自治体でも、「トヨタカレンダー」を念頭において自らの勤務日程を調整せざるを得ない。

たとえば円高不況にあえいでいた一九八七年には、真夏の一ヶ月間、トヨタは電力料金の安い休日を工場稼働日とし、平日に休みを入れる「トヨタカレンダー」を組んだ。それは子供の学校が休みの八月をターゲットにして、家族の余暇活動を邪魔しない配慮をもって行われたが、トヨタ以外のところで働く住民や地域の行事との齟齬をきたし、地域の生活に混乱を招いた。その状況で盆踊りは土日に開催していいものか、迷うではないか。

このエピソードからわかるように、トヨティズムとは、フォーディズムの大量生産がもたらした労働者の生活のゆとりを再回収して、消費の仕方まで合理化して選択の余地を奪う生産様式であり、生活様式であるといっていいのではないか。トヨティズムは末端の労働者にもQCサークルへの（形式上は自主的な）参加を義務づけ、労働者の意思を自らの生産活動に取り込もうとしてきた。フォーディズムと違い、生産に労働者の創意工夫を取り入れる点が評価されたトヨティズムではあるが、それは裏返せば労働以外の日常で発揮されるべき創造力まで生産活動に搾取しているともいえる。また、同じく賞賛される生産のフレキシビリティは、市場の動向に応じて、時には事務職から工場労働者への待遇の変化も甘受させることで実現される。系列会社との人材交流も融通無碍に行われ、トヨタの命令で子会社の一部門がある日突然別会社化されるようなことも少なくない。

一九五〇年の倒産寸前の経営危機により、トヨタは一六〇〇人もの大量解雇と創業社長の辞任というトラウマを経験する。この危機を乗り越えるため、トヨタは職業別・業種別の労働組合に代わる企業別労組を確立し、日本的経営と呼ばれる労使協調路線を貫くことになった。バブル崩壊後に、日本の産業基盤の買収に奔走した外資から、年功序列や生涯雇用を批判され、社債の格付けを異常なほど落とされても、トヨタは頑としてその経営方針を改めなかった。またそれを可能にする自己資金の担保を保有していた。

現在では、世界の製造業の中でもトヨタは一人勝といっていい成功を収めているが、それは労働者の人生設計を企業の将来設計に組みこみ、末端の労働者に至るまで（あるいは派遣社員や期間工に至るまで）、企業との運命共同体に巻き込もうとするトヨティズムの力によるところが大きい。労働者の側でも、トヨタを自分の人生の一部と認識できれば、トヨタの成功は自分の成功と感じることができる。それはある意味で「生の快楽の一様式」であって、したがって（どんなに平板でも）文化といってよいものである。その事実がこれまでの議論では見過ごされてきたのではないか。

グローバルかつユビキタスなトヨティズム

トヨタに限らず、中部圏に集中する自動車会社（愛知県岡崎市の三菱、三重県鈴鹿市のホンダ、それに静岡県浜松市のスズキなど）とその系列企業は、日系外国籍労働者を地域の生活に大量に招きいれたことでも知られている。岐阜県を含め、この地域の外国籍登録者数で一番多いのは、中国でも韓国でもなく、ブラジル国籍である。

自動車産業によって、地域にマルチカルチュラルな状況がもたらされたことは、確かに様々な文化摩擦をもたらした。しかし、トヨタを中心としたグローバル企業の活動で糧を得ている者であれば、その状況を他人事のように非難する資格はないだろう。そもそも双方の努力しだいでは、そうした状況は異文化に対する偏見を払拭する機会を提供するかもしれないし、互いの文化のインベントリーを見つめなおして、それを改善するきっかけを与えてくれるかもしれないのだから。

実際、この地域の行政や市民団体も、決して異文化摩擦を放置しているわけではない。場所によっては非常に積極的に交流の機会を提供しているし、なによりニューカマーの日本での生活を支援しようとしている。だが、そこで問題になるのは、生活時間全般を支配するトヨティズムの工場労働だ。せっかく無料で提供される日本語教室に、通って来られる外国籍工場労働者はほとんどいない。それ以外の産業に勤めていたり、生活に余裕のある学生だけが、そうしたサービスを受けることができ、切実に必要としているはずの工場労働者は、そこに参加するチャンスさえなかなか見いだせない。

貨幣価値の違いもあって、外国籍労働者のなかには在日期間が十年を超えて、本国に複数の家をもち、そこに最新の電化製品を詰め込みながら、ほとんど帰国する機会のない人もいる。そういう人は、自分の建てた家に住む信頼する肉親から送られてくる「自宅」のビデオ画像を何度も何度も眺めながら、またその画像を来訪者に自慢しながら、毎日のつらい労働に耐えて暮らしている。

そうした外国籍労働者とその家族の生活は、規格化され、特に大きな欠点のないプレハブ住宅に住み、なかなか故障しない、故障してもすぐに修理が期待できる自動車に乗り、会社が提供する福利厚生施設を利用できる「我々」と比べて、いや比べようもなくはるかに厳しいものだ。しかしその差異ははたして本質的なものだろうか？

別にトヨタみたいな評判の良い会社に勤めていなくても、我々の娯楽は旅行代理店やレジャー産業によって手頃にパッケージ化されたものをただ消費するというのがほとんどであって、愛別離苦のすべてが個人化《プライバタイゼーション》され、合理化されてしまってはいないだろうか？　なにより困ったことに「我々」には電化製品の詰まったマイホームはあっても、帰るべきブラジルはない。

トヨティズムからの出口を模索して

この十年、中国での工場進出の増強にあわせて、トヨタ自動車は年間生産台数を四〇〇万台から倍の八〇〇万台に急速に増やしてきた。

それと並行して、「失われた十年」の長期不況にあえぐ日本各地からトヨタの経営手法を学んで窮地を乗り越えようという動きが、官民問わず盛んになっていく。特に昨今、いわゆる「小泉改革」の余波で助成金を大幅カットされた地方自治体が、生き残りをかけてトヨティズムの導入をはかるようになってきたことは注目に値する。少子化に先行きの不安をかかえる大学でも、トヨタOBを招聘して経営の合理化をはかるところが出てきたが、図書購入費が撤廃され、必読雑誌でも教員自らが競争的資金を獲得して購入するしかなくなったと聞く。学生に対しても、学内で競争的な助成金制度を導入して、「優秀」とされる研究を行うところに資金を提供する代わりに、目立たない部門からは研究室を奪って他と同居させるような事態が生じている。

そんなシビアなものであっても、トヨティズムは徹底的に合理的な生産・生活様式であって、それに反対するのは容易ではない。少子高齢化の時代を迎え、斜陽化する日本において、その普遍化に対抗するには単なる非難や反対論では（あるいはそれだけでは）トヨティズムに対抗できない。将来に対する（物質的な）見通しを確立し、生活全般を無駄なく組織化するトヨティズムは、その凡庸さにいかに批判があっても、いわゆる経済先進国における現在の生の基準（シビルミニマム）を定める上で無視できない力をもっている。

トヨティズムを問題にすることは、「生活の質（quality of life）」に関する議論を必要とし、反対するならそれより魅力的で、かつ持続可能な代替案の提案が要求される。それはまさに文化の問題であって、カルチュラル・スタディーズに限らず、文化研究者全般に課せられた現代的課題であるといえるだろう。ナショナリズムやエスノセントリズムに対する抵抗は、その持ち主に現実をつきつけ、幻想を打ち消すことでアプローチできる。しかし、トヨティズムに抗するに際して、現実だけでは強力な武器にならない。商品としての自動車を生産し、物質的には豊かな「郊外化」を促進する生活設計を行うという前提を疑わなければ、それほど現実的なものはないのだから。むしろ我々には、トヨティズムとは別の意味で豊かで、より犠牲の少ない〈夢〉を提供する努力が求められている。実際、Cultural Typhoon 2007 in NAGOYA に参加してくれた市民のみなさんが、長年にわたって実践し、大会当日にかいま見させてくれたものは限りなくそれに近かった。本来、そうしたアクチュアリティのある〈夢〉のことを、我々は文化と呼んでいたのではなかっただろうか。そして、カルチュラル・スタディーズの難解な用語群も、安定を求めるばかり、自縄自縛に陥りがちな日常を打破するために利用できるなら、学んでみる価値は十分にあるといえよう。

トヨティズムを知るための文献案内

1　伊原亮司、二〇〇三、『トヨタの労働現場』桜井書店――現在のトヨタ本体の労働実態に関する理解を深める。

2　ジェームズ・P・ウォマックほか（沢田博訳）、一九九〇、『リーン生産方式が、世界の自動車産業をこう変える』経済界――贅肉をそぎ落としたという意味の「リーン」という形容詞を用いてトヨタの生産システムを表現し、その「優位性」を世界に喧伝した著書。

3　大野耐一、一九七八、『トヨタ生産方式』ダイヤモンド社――トヨタ生産方式の実質的な「生みの親」である大野耐一の著書。

4　鎌田慧、一九七三、『自動車絶望工場』徳間書店――三〇年以上前に、トヨタで季節工として働いた経験を元にして書かれたルポルタージュであり、トヨタの現場の内実を初めて世に知らしめた。

5　願興寺晧之、二〇〇五、『トヨタ労使マネジメントの輸出』ミネルヴァ書房――トヨタの労使関係の海外への移転問題を肯定的に検証した研究書。

6　猿田正機、一九九五、『トヨタシステムと労務管理』税務経理協会――トヨタの労務管理を対象とした緻密な調査に基づく研究書。

7　猿田正機、二〇〇七、『トヨタウェイと人事管理・労使関係』税務経理協会――6以降の変化も踏まえたトヨタ労務管理の研究書。6と合わせて読むのが望ましい。

8　田端博邦、二〇〇七、『グローバリゼーションと労働世界の変容』旬報社――グローバリゼーションにおける先進国の労使関係・労働運動を国際比較し、日本の労働運動についても体系的、かつ時系列的に整理した研究書。

9　中日新聞社経済部編、二〇〇七、『トヨタの世界』中日新聞社――長期連載記事がまとめてあり、企業とその地域に焦点を当てた著書。

10　マイク・パーカーほか編（戸塚秀夫監訳）、一九九五、『米国自動車工場の変貌』緑風出版――アメリカの日系自動車工場と日本式生産を目指したGM工場における労働実態を詳細に調べ、「ストレスによる管理」と名づけて批判した研究書。

11　ハリー・ブレイヴァマン（富沢賢治訳）、一九七八、『労働と独占資本』岩波書店――フォーディズム下の労働過程に関する古典的な研究。

12　ジェフリー・K・ライカー（稲垣公夫訳）、二〇〇四、『ザ・トヨタウェイ』日経BP社――トヨタの産業文化を「トヨタウェイ」と名づけて紹介した著書。

13　横田一・佐高信・『週刊金曜日』取材班、二〇〇六、『トヨタの正体』株式会社金曜日――非正規雇用者や中間管理職の加入を認める全トユニオンの結成をはじめ、トヨタの知られざる側面に焦点を当てた著書（翌年には続編も出版されている）。

14　渡邉正裕・林克明、二〇〇七、『トヨタの闇』株式会社ビジネス社――13と並んで、例外的にフィリピントヨタ労組の問題を取り上げている著書。

参考ウェブサイト

1　全トヨタ労働組合　http://www.katch.ne.jp/~atunion/――二〇〇六年に結成された非正規雇用者も加入できる全トヨタ労働組合（略称「全トユニオン」）のウェブサイト

2　全トヨタ労働組合連合会　http://www.fine.or.jp/――一九七二年に結成されたトヨタグループの労働組合が構成する全トヨタ労働組合連合会（略称「全トヨタ労連」）のウェブサイト

3　フィリピントヨタ労組を支援する会　http://www.green.dti.ne.jp/protest_toyota/index.htm――フィリピントヨタ労働組合の支援活動を行っている日本の組織のウェブサイト

I　トヨティズムの労働空間

一〇年前に全世界で年間四〇〇万台程度だったトヨタの生産台数は、現在ほぼ倍増し、世界一の生産台数を誇る自動車会社となった。バブル崩壊後のリセッションからいまだ立ち直れず、少子高齢化で先行きの不安がつきまとう今の日本社会で、トヨタの企業文化（トヨティズム）は唯一の福音として喧伝されつつある。

しかしここで少々奇妙に思うのだが、日本経済が世界を席巻したバブル期に日本の生産・経営方式の典型として語られたトヨティズムが、なぜいまさら国内で学ばれる必要があるのだろう。トヨティズムは、実は「日本株式会社」の典型ではなかったのではないか。

実際、一九九〇年代に入るまで、トヨタは日本国内では愛知県豊田市周辺以外のところに本社系列の工場をつくらなかった。一九八〇年代の自動車貿易摩擦によって、アメリカやヨーロッパに工場進出を余儀なくされたのは有名な話だが、その経験を経て、ようやくトヨタは国内の他の地域にも進出するノウハウを手に入れたのである（この変化については西村のコラムを参照）。

その一方で、トヨタはいわゆる発展途上国には早くから工場進出を行っていた。要するに、受け入れ先の行政府の肝いりで、トヨティズムを十全に教育できるところにしかトヨタは工場をつくってこなかった。政治・経済・文化のすべてを根底から調整することによって、はじめて世界一の効率で自動車生産ができるのだ（そうした地域のラディカルな調整にともなう諸問題については、藤原による田中九思雄氏のインタビューを参照）。

伊原論文が詳細に語るような「カイゼン」や「ジャスト・イン・タイム」が生活のすみずみまで浸透したとき、そこにあるのはいったいどういうライフスタイルなのか。第一部で語られることは、もしかしたら将来の日本全体の生のあり方なのかもしれない。

（西山哲郎）

トヨティズムの現場と労働者管理の構造
——トヨタ本体と下請企業の事例から

伊原亮司

はじめに

トヨタ自動車株式会社（以下、トヨタあるいはトヨタ本体と略す）は、世界一の座を手中に収めた。二〇〇七年の全世界生産台数は、七六年間にわたりトップの座を死守してきたGM（ゼネラル・モーターズ）と肩を並べた。トヨタは世界レベルで圧倒的な「強さ」を誇る。

これまでに多くの研究者が、トヨタの競争優位の源泉を探ってきた。その中で、とりわけトヨタに独自な生産システムに関心を寄せてきた。厳しい競争市場に身を置く実務家は、トヨタに倣って「トヨタ生産システム」（＝Toyota Production System　以下、TPSと略す）を積極的に導入してきた。「トヨタ生産方式」（大野、一九七八）、「リーン生産方式」（ウォマック他、一九九〇）、「トヨタウェイ」（ライカー、二〇〇四）などと様々な名で呼ばれ、概念は一様ではない。また、「移植」のあり方も企業により異なるが、トヨタに由来する生産システムがあらゆる産業や企業に世界規模で広まっていることは確かである。

しかも、トヨタの影響力は、製造現場に留まらない。フォーディズムが、マクロの次元で大量生産・大量消費の生活様式を形成したように、商品企画から製品化までのスピードの速さ、緻密なマーケティングと多様な商品構成、徹底した顧客サービスが、消費欲求をきめ細かく充足し、際限なく駆り立てる。「トヨティズム」の原理に適う形で社会資本が整備され、社会制度が制定されている（本稿では、トヨタの企業・経営・管理システムとその影響の総称をトヨティズムと表現し、生産システムに限定する場合にTPSを用いる）。

トヨタティズムの広範囲かつ多次元にわたる影響力の拡張に即して、それへの興味関心は、豊田市を中心とした一企業の現場から世界規模の生活様式へと発展してきた。ところが、このことが皮肉にもトヨタ本体の現場の軽視を招くことになる。トヨタの実態は、「教科書」である理論と同一視されることが多い。トヨタの「強さ」がその正当性を与えてきたが、トヨタ本体とて、理論通りに運営されているとは限らない。そこで、改めてトヨタとその下請企業の現場におけるＴＰＳの運営実態を検証したいと思う。

本稿は、筆者が参与観察したトヨタ本体（伊原、二〇〇三）と、アンケート調査と聞き取り調査を行ったトヨタの下請会社（伊原、二〇〇八）の事例を用いて、ＴＰＳの導入先の働き方を示し、現場労働者に対する管理の構造を浮き彫りにする。

一　トヨタ本体の現場

二〇〇八年三月期決算によると、連結売上高は二六兆二八九二億円、連結営業利益は二兆二七〇三億円である。ここ数年のトヨタの飛躍は目を見張るものがある。

今ではトヨタの「強さ」は誰もが認めるところだが、ここまで来るのには多大な苦労があった。終戦直後、日本の自動車産業の再出発は、困難を極めた。米国自動車企業が、既に大量生産・大量消費のサイクルを通してコストダウンを推し進め、世界市場に君臨していた。焼け野原の中、一からやり直さなければならない日本企業は、米国企業と同じ方法で競争に挑んでも勝ち目はない。そこでトヨタが考え出したのが、ＴＰＳである。その後、長い歴史を経て形作られ、現在も「進化」の途上にあるが、人・モノ・金が不足し、市場規模が小さい不利な状況を〝逆手にとる〟生産システムを編み出したのである。

（一）ＴＰＳの原理と現場労働に関する議論

トヨタは、厳しい経済・社会条件でも利益がでるように、限られた資源を〝有効に〟使い、効率よく〟「付加価値」を生み出す手法を考え出した。それが、必要なモノを必要な時に必要なだけ生産する「ＪＩＴ」（ジャスト・イン・タイム）と、人の知恵を機械に付けて、不良品を後工程に流さない「自働化」（にんべんの付いたじどうか）の「二本柱」である。そして、その他の様々な「仕掛け」が――例えば、「後工程引き取り」、「カンバン」、「平準化」、「一個流し」、「ムダ」・「ムラ」・「ムリ」をなくす、などが――、現場で実施されてきた。本稿は、紙幅の都合で、個々の管理手法には触れないが、これらの諸手法が体系化され、ＴＰＳの管理思想を具体化するのである。

ところが、中間在庫をはじめとする、人員、機械設備、手待ちなどのあらゆる「ムダ」が削り落とされ、生産の「ムラ」がなくなれば、ラインの「遊び」が小さくなる。このようなラインは、ちょっとしたトラブルでもすぐに止まってしまうという「弱み」を抱える。だからこそ、いわゆるフォード生産システムでは、中間在庫などの「ムダ」を多く抱えていたのだが、TPSでは、その「弱み」を半ば意図的に生み出し、それが、一方で、労働者にラインを止めてはならないという「圧力」をかけ、「高品質」を強要し、他方で、現場にカイゼンを促し、ラインを「進化」させる。トヨタは、ラインの「遊び」のなさを「逆手」にとり、労働者に「ムリ」をかけ、常に「カイゼン」を迫り、終わりなき合理化を追求するのである。

このような贅肉がそぎ落とされたラインの運営を支えるのが、質の高い労働者たちであると言われる。異常処置などの複雑な労働を担い、QCサークルや提案制度に参加し、複数の工程を担当する。トヨタのライン労働者は、従来のフォードシステムのそれとは異なり、単純な反復労働だけに専念しているわけではない。そして、TPS下の労働そのものの質の高さに、現場労働者の「やる気」を引き出し、「満足」を満たす要素が含まれるとみなされてきたのである。

ただし、これはあくまで喧伝されているモデルや仮説レベルの議論であり、先述したように、実態は必ずしも理論通りであるとは限らない。また、かつては、「乾いたぞうきんを絞る」などといった表現が用いられ、TPS下の労働の過酷さを指摘する研究やルポルタージュも存在した（鎌田、一九七三）。「ムダ」が徹底的に排除された現場では、作業密度が極限にまで高められ、労働者は大きな負担を強いられると主張する。これまでの議論に目を通すと、相反する評価が存在するが、どちらの主張が正しいのか。現在は、きつい労働は文字通り改善されたのであろうか。

以下、筆者が一期間従業員として働いた経験をもとに、ライン労働者の労働実態とトヨタの現場の運営状況を検証しよう。

(二) A工場のライン労働の実態

結論から先に言うと、ライン作業はいたって単純である。標準化された動きの繰り返しにすぎない。筆者は、検査・梱包ラインの運搬作業とサブ組付ラインの補助を担当したが、作業の種類に関係なく、早ければ半日で、多少複雑な作業でも三日もあれば覚えられる。全く現場経験がない人でも、トヨタの工場で働くことができる。

しかし、すぐに覚えられる作業＝楽な作業、ではない。たとえ決まりきった反復作業でも、製造部品が重く、作業スピードが速ければ、誰でもこなせるわけではなくなる。

運搬作業の肉体的な負担は大きい。作業中の歩数を万歩計で計測すると、一日で二万歩を超えていた。歩幅を七〇センチとして計算すると約一五キロ、八〇センチとすると約一七キロ歩いていることになる。しかも、運搬係は手ぶらではない。運搬する箱の重さは、部品により異なるが、一〇キロから二〇キロの間であろう。それらの箱をひっきりなしに台車に積み、台車から降ろして洗浄機にかけ、洗浄機から運び出して検査・梱包前の棚に入れる。

組付作業はきわめて速い作業スピードを要求される。筆者は、組付補助に借り出された時、配属期間の二週間ではそのスピードに追いつかなかった。他の期間従業員も同様である。タクトタイム（一つの部品を生産すべき時間）にどうにか間に合うようになるまでに、最短でもひと月はかかっている。

ライン労働の過酷さは、体重の減り方が如実に示す。入社時、七七キロあった筆者の体重は、退社前の三ヶ月半後、七〇キロを切っていた。同期も軒並み「スリム」になった。六二キロから四七キロへ、一五キロも痩せた同僚がいた。

もっともライン労働者は、危険な作業や理不尽な動作を強要されるわけではない。安全や重さの対策は、随所に施されている。例えば、洗浄機前には「ラクラクハンド」という補助器具が設置されており、部品の上げ下げの負担を軽減してくれる。ところが、あまりにも求められる作業スピードが速いために、その器具を使っていてはタクトに間に合わない。筆者がそれを使用したのは配属後の数日間だけであり、あとは文字通り「腕の力」で搬入作業を行った。

また、カイゼン活動を通して、労働者が自ら仕事を「やりやすく」することもできなくはない。しかし、カイゼンを通して生み出された「余裕」は、結果的に、作業負担の増加に結びつく。管理者は、少しでも余裕があると見れば、部品を一つ手に取る程度の作業でも、新たに押し付けてくる。労働密度の高まりは避けられない。

トヨタは、細かな点にまで「気を配り」、カイゼン活動を通して仕事を「やりやすく」しているが、それらの「配慮」は、短期的には仕事を「楽」にするが、長期的には労働者をきつい仕事に追い込む役割を果たすのである。

(三) 正規労働者と非正規労働者の「格差」

このような過酷なライン労働は誰が担っているのか。その多くは、非正規労働者である。ライン労働に専念する非正規労働者が、現場の三分の一から、部署によっては半数近くを占める。

トヨタの臨時工の歴史はかなり昔に遡るが、ここ数年の期間従業員の雇用増は際だっている。

二〇〇〇年から、期間従業員の採用が再開された。筆者が働き始めた〇一年七月、三三〇〇人に達する。その後、非正規労働者の雇用は急激に拡大する。〇三年に六〇〇〇人を超え、〇四年の四月は八五〇〇人、〇五年には初めて一万人を突破した。〇六年以降、一万人前後の高止まり状態が続いている。

近年、派遣労働者も活用している。〇四年三月一日に「改正労働者派遣法」が施行されたのを機に、同年四月、手始めに五〇〇人ほど受け入れた。同年一〇月、およそ一〇〇〇人の派遣労働者が働く。

単純作業のライン労働は、主に非正規労働者が担っている。それに対して、相対的に質の高い作業が要求されるライン〝外〟の労働は、正規労働者が担当する。

直接製造部門の労働は、大別すると、ラインの内と外とに分けられる。後者は、ライン作業者を補助する役割を担い、原材料の補充、工程の簡単な改善、管理業務などを行う。正規でも若手の労働者はライン作業に従事し、正規と非正規がライン内外で厳然と分かれているわけではないが、非正規労働者の雇用増により、ライン内作業の多くは彼（女）らで占められる。

正規と非正規の労働者の違いは、賃金の額にも表れる。

期間従業員の基本日給は、就労回数と就労期間により異なる。一回目は九〇〇〇円、二回目は九五〇〇円、三回目以上は九八〇〇円である。二年目、三年目と進むにしたがい、一万円、一万三〇〇円とアップする。

これだけだと、手取りはさして高くないが、契約期間を満了すると、「満了慰労金」と「満了報奨金」とが支給される。筆者は、面接時において、「二三万七〇〇〇円～三一万二〇〇〇円」と書かれた資料をみせてもらった。この金額は、就労回数や契約期間などの条件を満たした人が、期間を満了した場合にのみ手に入れられる総額を月で割った額である。途中退社すれば、さして条件が良いとはいえないが、期間を満了できれば、月あたり三〇万円以上も夢ではない。

正社員の給与はどれくらいであろうか。二〇〇八年三月期の『有価証券報告書』によれば、トヨタの全社員の平均年間給与は、八二九・五万円（平均年齢三七・一歳、平均勤続年数一四・二年、賞与を含む）であり、一時金の組合員平均は、二五〇万円を超える。

圧倒的な高収益を誇るトヨタは、相対的に複雑な作業を担当させる正規労働者と、過酷な単純作業のみを任せる非正規労働者との分業の上に成り立っている。そして、両者の間には賃金の格差を設け、労務費の固定費比率をできるだけ低下させ、景気の変動に対する「柔軟性」を高めているのである。

期間従業員の勤務期間は、筆者が働いていた二〇〇一年七月当時は、三ヶ月から六ヶ月であり、更新を含めても上限が一一ヶ月間だったが、二〇〇八年七月現在は、契約期間が四ヶ月から六ヶ月に変わり、二〇〇四年一月施行の労働基準法改正を踏まえて、延長期間の上限が二年一一ヶ月に延びた。その結果、非正規労働者がますます「正規化」しつつあり、経営側による雇用調整の「裁量」がよりいっそう大きくなっている。

（四）現場の「末端」まで入り込み、抱え込む管理

ところが、労働者間に露骨に格差を設ければ、悪条件で働く労働者は「やる気」を失う。場合によっては、職場秩序の「乱れ」にもつながるだろう。非正規労働者の数が多いだけに、経営側にとって軽視できない問題となる。トヨタは、このようなトラブルをいかに回避し、対処しているのか。

現場は組単位で編成され、非正規を含む全従業員が同じ「チーム」のメンバーとして働く。仕事前、現場に建てられたプレハブに集まる。ラジオ体操を行い、安全確認をし、朝の会議を開く。仕事の合間の小休憩時には、その中でくつろぐ。仕事が終わると、プレハブで一服する。ＱＣサークルや品質会議なども、ここで開かれる。非正規労働者を含む組の全構成員が、プレハブを「根城」として、「チームの一員」として行動を共にする。

もっとも、チームの一員だからと言って、期間従業員に意思決定の権限が与えられているわけではない。彼（女）らは「上」からの指示を仰ぐだけであり、チームの運営には全く関わらない。ＱＣサークルでも、全くと言っていいほど発言をしない。このように「参加」の内実には限界があるが、それでも管理者は、非正規と正規の労働者を形の上だけでも「同等」に扱う。とかく「オレたち」で固まりがちな非正規労働者は、正規労働者と一緒に行動するように強要されるのである。

正規と非正規の労働者間の「壁」を取り払うための工夫は、職場環境の中にも施されている。

トヨタは、「視える化（みえるか）」という名称を用いて、工場の可視化を積極的に推し進めている。整理整頓、ゴミの分別から始まり、あらゆる場や行動をみえやすくする運動に取り組んでいる。

一例を挙げよう。通常業務中、職制はさきほど取り上げたプレハブ内で事務作業をしていることが多い。そのプレハブの壁は大きなガラスで覆われており、持ち場にまで足を運ばなくても、中から作業状況を見渡すことができる。見られる対象にも「工夫」がなされている。検査・梱包エリアは、ちりやほこりを防ぐために、ビニールで覆われているが、そのビニールを透明なものにすることで、持ち場の外からも、検査の作業状況や運搬の進捗状況が分かる。

持ち場、作業過程、作業結果、そしてあらゆる行動が可視化された環境下で働く労働者たちは、管理者だけでなく、他の労働者の視線も意識する。お互いに他者の行動を気にし、相互監視の場が形成される。採用条件がほとんどなく、入社後も正社員に比べると「教育」が乏しい非正規労働者も、可

視化された空間に身を置くことで、「職場の規律」が植え付けられるのである。

管理者による直接的な管理も見落とせない。トヨタの管理者は、正規と非正規の区別なく、労働者の「面倒」をみる。とりわけ「職場リーダー」の役割は重要である。組長（GL）が一般の労働者の中から指名する若手のリーダーは、職制と一般労働者との間を取り持ち、労働者同士の関係をとりなし、非正規労働者に対しても細かな「ケア」を怠らない。

トヨタの「一体化管理」は、工場外にまで及ぶ。非正規労働者は、実家から通える人を除き、全員が寮に入る。正社員と期間従業員とが寮で一緒に生活を送り、同じ「トヨタマン」として扱われる。寮生活をおくる労働者たちは、行動時間から部屋の使い方まで、事細かく監視される。

トヨタは、正規と非正規の労働者の「垣根」を表面的ではあれ取り払い、管理の眼差しを工場内外に入り込ませ、現場の「末端」で働く非正規労働者にまで、「規律化」を強力に促すのである。

（五）トヨタ本体の「末端」を維持する労働者管理の構造

以上、トヨタの現場で働く労働者の姿と、現場を維持する管理のあり方を見た。

トヨタの職場では、ライン労働の密度は極限にまで高められている。それらの労働を主に担うのは、非正規労働者であり、トヨタの現場は、正規と非正規の労働者の分業と格差の上に成り立っている。

トヨタの期間従業員の応募条件はほとんどない。単純だがきつい労働に耐え得る身体が絶対条件であり、現場では単調で過酷なライン作業が待っている。そのような厳しい労働を、相対的に高い賃金が報いる。期間従業員の賃金は、（同年齢の正社員と比べると明らかに低いが）契約期間を満了できれば、非正規労働者としては高い金額を手にすることができる。ここに、トヨタの賃金管理の「巧妙さ」がある。多くの期間従業員は、工場内できつい労働と安い賃金に不満を抱きながらも、肉体的・精神的にぎりぎりの状態に追い込まれるまで耐え抜くのである。それでも期間途中で辞める人が後を絶たないが、もしこのような「好条件」がなければ、もっと多くの人が早めに辞めるであろうし、そもそも人が集まらないであろう。

正規労働者は、相対的に複雑な労働を担い、高密度なライン労働から逃れられる人も少なくない。本節の冒頭で、「現場労働」に対する相反する評価を取り上げたが、現場の実態をみると、どちらの評価も間違いではないものの、一面的である。トヨタは、労働者間で分業と格差を設けており、長期的な展望を与え、比較的質の高い労働を割り振り、職場運営の権限を付与する「中核的」な人と、過密なライン労働を専従させる「周辺的」な人とに区別しているのである。

ただし、両者は、露骨に「棲み分け」がなされているわけではない。非正規労働者は、正規と同じ「トヨタマン」として扱われている。実質的な権限は全く与えられていないにもかかわらず、全従業員が一緒になって働くような「雰囲気」が醸成されている。全労働者の一体化管理と手の込んだ労務管理を通して、現場の「末端」で働く非正規労働者にまでトヨタの「規律」がすり込まれるのである。

二　下請企業の現場

トヨタの下請企業は、二次・三次以下まで含めれば、膨大な数に上る。TPSの定着・運営のあり方は、その数だけ独自性があるだろうが、本稿は、トヨタ系の下請企業の一工場を取り上げ、運営の内実を詳しくみていく。

この会社は、本社が愛知県の小牧市にあり、岐阜県の中山間地域でB工場を営む。(株)東海理化電機製作所との取引が全体の九六%を占め、トヨタの二次下請企業にあたる。

一九四六年三月に創業し、調査対象のB工場の設立は、四〇年ほど前である。企業全体の売上高は一五一・八億円(二〇〇四年八月期実績)、総従業員数は三三〇人、B工場の従業員は一〇二人である。生産部品の四割はフロントパワーシート(フロントシートの位置、高さ、背もたれなどを調整する部品)であり、部品の生産から組付までを一貫して行っている。

(一)　TPSの導入と定着

B工場の運営は、長い間、工場長の裁量に任されてきた。工場の建設に始まり、機械設備の配置、生産管理、人事労務管理など、あらゆる管理運営が工場長に一任されていた。

ところが、ここ数年で、工場管理のあり方が一変する。本社の管理部が工場の運営に関わり始めた。工場長の資質や能力に依存した旧来のモノから、制度やシステムに則った新しい管理手法に改められたのである。その象徴が、TPSの導入である。

工場内では、JITと自働化の二本柱を核として、TPSの諸要素が導入されている。取引先ともカンバンを介して連結されている。午前一〇時三〇分に、未加工の部品が工場に届けられ、完成品は、午後一時半までに、遅くても二時までに工場を出発し、午後五時から五時半の間に取引先に届けられる(本社工場では、一日六便)。

もっとも、導入当初から、TPSが順調に機能したわけではない。TPSは、先述したように「遊び」が少ないため、システムの維持管理に努めなければ、ラインが頻繁に止まり、

ＴＰＳを導入する前よりも生産性が落ちる。これは、トヨタをまねてＴＰＳを導入した企業に多くみられる現象であり、導入当初のＢ工場にもあてはまった。

ところが、生産統括部が設けられてから、状況に変化がみられる。本社がＴＰＳの定着に本格的に取り組み始め、ＴＰＳの定着が一段落した現在も、週に一、二度工場を訪れて、技術指導を継続している。工場長は今でも「在庫を持たないと、不安に思う」ようであるが、社長の厳命である。中山間地域に立地するＢ工場も、トヨタと同様、ＴＰＳの原理に忠実である。

(二) Ｂ工場のライン労働の実態

ＴＰＳが導入され、定着しつつあるＢ工場では、ライン労働にいかなる変化が見られるのか。

Ｂ工場の主たるラインは、組付、自動機、成形の三つである。それぞれの工程により作業内容は異なるが、単純な反復作業である点は共通する。タクトタイムは、二〇秒から五〇秒ほどであり、作業者は、職場に配属された後、早ければ三〇分で遅くても半日で作業手順を理解することができる。一週間後には、誰もがひとりで仕事をこなせるようになる。ライン作業の単純さは、トヨタの工場と変わりない。

労働者は、このような作業からほとんど満足感を得ることなく、むしろ強い不満を抱いている。多くの労働者が、立ち仕事によるむくみ、検査作業による目の疲れや肩こりを訴えている。小さなケガが絶えない。プレスでは、手を挟む人も珍しくない。ＴＰＳ導入後、肉体的な負担が高まり、精神的な緊張が強まっている。

(三) 男女間の分業と格差

では、このようなライン労働は、誰が担当しているのか。この点に、Ｂ工場の運営上の最大の特徴がある。

Ｂ工場の全従業員（一〇二名）の内訳は、女性が八九人、男性が一三人である。大半が女性であり、彼女たちがライン労働に従事している。女性の班長も皆無ではないが、彼女らも現場からの「たたき上げ」である。男性社員は、基本的に、入社の段階で将来の「幹部候補」として採用され、段取りなどのライン外労働や管理業務を任される。

女性の労働者のほとんどは、ライン作業に専念し、異常処理やカイゼン活動には全くかかわらない。男女間で、明確な分業が存在する。そして、この分業に対応する形で、男女間で賃金の格差が設けられている。

ライン労働者は日給（基本給＋残業代）であり、管理職以上は月給である。将来の管理職候補として採用される男性は月給であるが、ライン労働を割り当てられる女性は日給である。給与の額は、男女間で大きく異なる。二〇歳で比較すると、女性は一四万円（月給換算）、男性は一九万円である。

女性労働者の多くは正社員であり、年間の賃金は一〇〇～二五〇万円である。B町近辺の女性の労働市場を考えれば、低くはない。女性の正規雇用の場は限られている。役所や病院を除けば、スーパーのパートのレジ打ちくらいしかない。ところが、同じ職場で働く男性社員と比べると、圧倒的に少ない。例えば、四〇代の男性係長の年収は、七〇〇万円台である。工場内では、非常に大きな格差があることが分かる。

(四) 工程内に入り込む厳しい管理と手の込んだ労務管理

B工場のラインを支える女性労働者と彼女らが製造する部品の品質はどのように管理されているのか。

取引先で不良品が発見されると、初めになされることは責任の所在の特定である。B工場の責任か、取引先の責任か。前者の責任と判断されると、B工場の品質保証部（責任者は工場長）が、呼び出しを食らって、不良品を取り替えに出向く。当該の部品だけでなく、納入した部品をすべて点検し直す。すでに車体へ組み付けた部品もばらして再点検を行う。

その後、取引先の社員がB工場にまで足を運び、労働者の作業状況を点検する。取引先の中でもトヨタはずば抜けて管理が厳しい。B工場は、言われるままにカイゼンを施す。一連の対応が終わると、不良品の再発を防ぐために、原因を究明し、「不良対策書」を作成する。後日、不良防止の対策がきちんと実行に移されているかどうか、取引先が確認に訪れることもある。

ライン労働者に対しては、品質管理教育を行っている。ごく簡単な「ルール」を設定し、毎日の朝礼時に「良い製品品質を作るための実施ポイント」を確認させている。工場長によれば、このような教育を通して、労働者に「品質をライン内で作り込ませている」。持ち場内には「客先ラインクレーム不良発生〝ゼロ〟星取表」を張り出し、各担当者ベースの不良流出率を可視化し、品質への意識を高めている。あまりにも頻繁に不良品を出す作業者は、持ち場を替える。

工場内はきちんと整理整頓がなされている。トヨタ本体の工場と比べても遜色ない。扱う部品が小さいこともあり、電子機器の組付工場のような雰囲気である。部品入りの箱や空き箱はきちんと積み上げられており、部品や工具は所定の場所に置かれ、自動ロボットが部品を運ぶ。壁には標語や管理表が貼られている。工場の隅々まで〝神経〟が行き届いているところが、トヨタの工場と似ている。

勤務時間は八時二〇分から一七時二〇分まで、実働八時間である。最近、タイムカードを導入し、本社が労働者の勤務実態をコンピュータで集中管理するようになった。工場の入り口には、「勤怠表」が掲げられてあり、出勤日・欠勤日・遅刻早退などの勤務状況がひと目で分かる。

個人査定もある。昇給は「人事考課表」に則り、年一回、行われる。査定は工場長が行い、本社の総務へ伝えられる。査定基準は四つのレベルに分けられ、各レベルの中でさらに細かな差が設けられている。

厳しい評価や緻密な管理だけではない。毎年、親睦の目的で、旅行や忘年会が催される。勤続二〇年の労働者にはハワイ旅行が、一一月頃に慰安旅行があり、一二月に忘年会がある。勤続二〇年の労働者にはハワイ旅行がプレゼントされる。労働者の誕生日には社長からの贈り物がある。

(五) 下請企業の「末端」を維持する労働者管理の構造

以上、TPSを導入した下請工場の労働と管理の実態を見た。

中山間地域に立地するB工場の管理運営は、設立以来、工場長の裁量に任されていた。ところが、近年、本社の管理下に置かれ、TPSが導入され、制度やシステムに則った運営がなされるようになった。

TPSの導入は、労働や労働者のあり方に顕著な変化をもたらした。反復労働の密度が高くなり、時間管理がより厳密になった。このようなライン労働を担っているのは、女性労働者である。女性が単純作業を担い、男性はライン外で生産準備や管理作業を行う。男女間の違いは、賃金制度にも及ぶ。女性は日給であり、男性は月給である。B工場は、男女間の分業と格差を前提として成り立っている。

ただし、女性労働者の多くは正社員であり、近辺の他の職場に比べれば、相対的に賃金が高い。女性労働者からすれば、働き始めてから、仕事のきつさや男女間のあからさまな格差に不満を抱くようになるが、他の会社に移れば金銭的な条件は悪化するために、おいそれとは辞められない。実際、定年前に退職する人は少なく、勤続年数は長い。

おわりに

本稿では、トヨタ本体と下請企業のTPSの導入現場における労働と管理の実態を明らかにした。

トヨタ本体では、高密度なライン労働は主に短期雇用者が担当し、相対的に複雑な仕事は正社員が行う。正規と非正規の作業内容に厳密な「分断線」が引かれているわけではないが、実質的に分業を基にして現場が運営されている。両者の間には、賃金の格差も存在する。短期雇用者の賃金は、正社員に比べれば明らかに低い。しかし、他企業の非正規労働者に比べれば高い。そのために、トヨタの非正規労働者は、ライン労働が高密度できついからといって、すぐに辞めるわけにはいかない。さらに、非正規と正規の労働者を「一体化」させ、持ち場の内部にまで入り込む管理が、高密度のライン労働を非正規労働者にどうにか「受容」させているのである。

下請会社の工場では、女性労働者にライン労働を専従させ、男性労働者にライン外労働や管理業務を任せている。現場は厳密な分業の上に成り立っている。そして、男女間の分業は、賃金格差と結びついている。男性と女性とで賃金体系が異なり、同じ勤続年数でも、賃金の額が大幅に違う。しかし、女性の多くは正規雇用であり、近隣の他の職場に比べればまだ「まし」である。したがって、不満がないわけではないが、かといって辞める気にはなりにくい。また、現場の内部にまで入り込む徹底的な管理と、従業員を「一体化」させる労務管理により、労働者の定着率と製造品の品質の高さを確保している。これが、B工場が中山間地域でも生き残れる主要因である。

以上、トヨタ本体と下請工場を見比べたが、「相似形」のような労働者管理の構図が浮かび上がってくる。

TPSの下では、限られた一部の労働者に、相対的に高度な技能を要する作業に従事させ、その他大勢の労働者に、単純作業のみを任せる。賃金体系も異なる。両者の間に分業と格差を設けている。ところが、企業内で「弱者」の立場に置かれる労働者たちも、他企業で同じ立場に置かれる労働者に比べれば賃金は高く、その相対的な「有利さ」により、過酷な労働にもどうにか耐えようとする。さらに、持ち場の内部にまで入り込む執拗な管理が、現場の「末端」にまで規律を浸透させ、手の込んだ「一体化」の労務管理が、両者の格差を表面化させないようにする。分業・格差と一体化の管理手法を併用し、巧みに使い分けている。このような管理の特徴が、トヨタ本体にも下請工場にも見られる。

むろん、両社の管理状況は完全に同じというわけではない。取引の力関係は明白であり、トヨタ本体から「下」に向かって圧力がかかる。下請工場の管理者は、厳しい品質や納期を求められ、ライン労働者の賃金は、本体に比べるとかなり低い。小さなケガが多発し、安全性が低い。福利厚生面の処遇も劣る。しかし、「上」から「下」へと一方的に圧力がかかるわけでもない。トヨタ本体では、残業は実質的に命令であったが、下請企業では、無理強いはできない。調査対象の下請工場内には、地域社会の「つながり」が残存し、管理の徹底度がトヨタに比べると落ちる面がある。このように、同じようにTPSを導入しても、本体と下請とでは違いがあるが、似たような労働者管理の構造が存在するのである。

最後に、TPSの導入現場の問題点に触れておこう。非正規労働者が急増したトヨタの現場は、品質の悪化に苦しんでいる。昨今のリコールの増大とも無縁ではない。経営側は、非正規労働者の正社員への登用を増やすなどして、現場のトラブルへの対応に懸命である（伊原、二〇〇七）。下請企業も、女性労働者の不足の問題を抱えている。正規雇用で働く女性の労働者にとって、工場労働と家事の両立は容易ではない。近所のつきあいも、疎遠になりがちである。これまでのB工場の運営は、辛抱強い女性労働者の「安定供給」の上に成り立ってきたが、若い世代の住民が少なくなり、さらに中山間地域の女性の意識が変わりつつある現在、人材の確保は危うい。今後、景気の動向や労働市場の変化によっては、今見た労働者管理の構造を維持することは困難になるであろう。

本稿の二つの事例から、TPSの導入現場では、従業員間の実質的な「格差」と形式的な「一体化」の論理を内包しながら、過密な労働を巧みに受け入れさせようとしている共通の構図が明らかになった。このミクロの労働者管理のあり方は、マクロの「格差社会」を生み出す起点となっている。また、一部の労働者にのみ高度な労働を任せ、その他大勢には単純労働を専従させる管理システムは、「人的資源」の育成を妨げ、多くの労働者から「やる気」を削ぐ。日本企業の「強さ」の源泉と言われてきた現場は、弱体化するおそれがある。昨今、一種のブームのようにTPSの導入が叫ばれているが、労働者の視点だけでなく、経営・産業の立場からも、このような否定的な側面にも目を向けるべきである。

参考文献

伊原亮司、二〇〇三、『トヨタの労働現場――ダイナミズムとコンテクスト』桜井書店

伊原亮司、二〇〇七、「トヨタの労働現場の変容と現場管理の本質――ポスト・フォーディズム論から『格差社会』論を経て」『現代思想』三五号八巻、七〇～八七頁

伊原亮司、二〇〇八、「農村工業の経営管理と労働」白樫他編『中山間地域は再生するか――郡上和良からの報告と提言』アカデミア出版会

ウォマック、ジェームズ・P、ダニエル・ルース、ダニエル・T・ジョーンズ（沢田博訳）、一九九〇『リーン生産方式が、世界の自動車産業をこう変える――最強の日本車メーカーを欧米が追い越す日』経済界

大野耐一、一九七八、『トヨタ生産方式――脱規模の経営をめざして』ダイヤモンド社

鎌田慧、一九七三、『自動車絶望工場――ある季節工の日記』徳間書店

ライカー、ジェフリー・K（稲垣公夫訳）、二〇〇四、『ザ・トヨタウェイ』日経BP

労働組合運動の実践から見るトヨティズム
——フィリピントヨタ労組を支援する愛知の会・田中九思雄氏の語りから

藤原あさひ

カルチュラル・タイフーン（以下、カルタイ）におけるメインセッション「想像のトヨティズム」の報告者であった田中九思雄氏。氏は、トヨタ自動車株式会社（以下、トヨタ）の海外支社のひとつであるフィリピントヨタ（Toyota Motor Philippines Corp.: TMP）で起きている、トヨタにおける最大の労働争議に関し、愛知県豊田市を拠点として支援を続けている。この争議は、日本でこそあまり知られていないが、ＩＬＯ（International Labor Office）による勧告も出されるなど、国際的な問題に進展している。フィリピントヨタの労働争議とは、以下のとおりである。

トヨタによる自動車の海外生産は一九八〇年代から本格化し、一九九五年には海外生産台数が輸出台数を上回った。現在、海外二六の国や地域において、五二もの海外生産拠点がある（トヨタ、二〇〇七）。なかでもアジア地域には二五の拠点があり、海外拠点のうち、約半数を占めている。その拠点のひとつであるフィリピントヨタは、一九八九年二月に、首都マニラ近郊のサンタロサにある工場で生産を開始した。フィリピントヨタへのトヨタの出資比率は三四％（三井物産六％、メトロバンク五一％、他）（フィリピントヨタ労組を支援する会、二〇〇七）であり、カムリやカローラを中心とした乗用車生産を担っている（ＴＭＰウェブサイト）。二〇〇七年におけるトヨタの市場占有率は約三八％と、国内自動車販売市場において第一位を占めている（ＣＡＭＰＩウェブサイト）。フィリピントヨタの従業員数は、一六〇六名である（二〇〇七年五月時点）。

今回の労働争議は、その工場において、二〇〇〇年三月に自主的に組織化されたフィリピントヨタ労働組合（Toyota Motor Philippines Corporation Workers Association: ＴＭＰＣＷＡ）

の団体交渉承認選挙が行われたことに端を発する。フィリピン労働法（The Labor Code of the Philippines）によれば、労働組合が団体交渉権を持つには全従業員のうち、過半数の賛成票が前提となる。この労働法に沿う形で行われた組合承認選挙の開票結果は、賛成票が五〇三、反対票四四〇、無効票は一五であった。この結果からすれば、フィリピントヨタ労組は法的に団体交渉権を認められることとなる。

しかし、この開票結果に対して、会社側が異議を唱えた。投票者のうち、組合員か否かで双方の間に意見の相違があった監督職の投票分一〇五票が未開票であった。会社側は、この一〇五票の開票を求める一方で、監督職には投票権がないとする組合側はそれに応じなかった。監督職の票には、組合承認への反対票が多く含まれていることが予想された。この監督職の開票を巡り、双方の対立は司法の場に持ち込まれたのである。会社側は雇用労働省（Department of Labour and Employment: ＤＯＬＥ）に選挙無効との異議申し立てを申請し、組合側に対しても団体交渉を拒否した。同省による裁定では、組合側に団体交渉権が認められる結果となった。

雇用労働省による監督職の業務内容に関する公聴会が、翌年三月一六日に行われたが、その公聴会にフィリピントヨタ労働組合の組合員三一七名が職場を離れて出席した。会社側はこの出席を無断欠勤、および就業規則違反として二二七名（後にさらに六名が追加）を解雇処分に、また六四名を停職処分とした。

この処分に対し、組合側は七〇〇名の参加者による無期限ストライキを行った。二週間にも及ぶストライキは、フィリピン政府による職場復帰の裁定命令により中止されるに至った。

以上の問題を発端にした、トヨタが抱える最大の労働争議はその後、ＩＬＯに報告され、同機関はフィリピン政府に対し争議解決に関する四度の勧告をしている。更に、ＩＬＯの勧告を機に、世界最大規模の産業別国際労働組合組織である国際金属労連（International Metalworkers' Federation: ＩＭＦ）がこの問題に注目し、ＩＭＦの日本支部と自動車総連を仲介に、フィリピントヨタ労使間の話し合いを要請した。しかし、二〇〇五年から二年間にわたる計五回に及ぶ話し合いは和解に至ることなく、交渉は不成立に終わっている。

猿田（二〇〇七）はこのフィリピントヨタに関する一連の問題を、『労働組合を嫌悪し労働組合を破壊する行為が、発展途上国のひとつであるフィリピンで、日本のトップ企業であり資本主義先進国の製造業No.1企業トヨタによって行われていることにある』と位置づけている。

田中九思雄氏

フィリピントヨタにおいて、以上の問題が起こった二〇〇一年以降、田中氏はフィリピントヨタ労働組合の組合員が、抗議行動のため来日する際に、特にトヨタが本社を構える愛知県豊田市を中心とした活動の支援を行っている。毎年、フィリピン人を含めた抗議行動をトヨタ本社前で行うのが恒例だという。その抗議行動が三年目に入った頃、「フィリピントヨタ労組を支援する会」の愛知支部が結成された。田中氏はこの「愛知の会」の代表委員を務めている。彼に自己紹介文を依頼したところ、次のような文章が送られてきた。

「フィリピントヨタ労組を支援する愛知の会」代表委員。社会活動家。自治労（全日本自治団体労働組合）。豊田市組合書記として勤務した後、地区労（地区労働組合協議会）事務局担当として、約一〇年間、労働組合結成支援、春闘のコーディネーター、反戦平和活動を行ってきた。さらに、沖縄基地撤去闘争の際には、豊田市で沖縄戦を考える集会の牽引役を務めた。フィリピントヨタ労組を支援する会との関わりでは、地元集会、本社前抗議行動を行ってきた。」

氏は豊田市に居を構えながら、地元企業トヨタが海を越えた異国で起こしている問題、すなわちフィリピントヨタの労働組合の組合員二三三名の一斉解雇を中心とした問題を、トヨタのお膝元である豊田市で支援しているのである。ここに興味深い地理的構図が浮かび上がる。同時に、活動家としての田中氏と、また豊田市住民としての氏、という興味深い側面が見えてくる。インタビューでは、この二点を中心に掘り下げることを念頭に置いた。

藤原　今回、田中さんに関し、二つの側面に注目しています。一つ目にはご自身の紹介文で書かれている「活動家」としての田中さん、二つ目には、またトヨタのお膝元である豊田市で長年暮らしてきた市民としての田中さんです。豊田市の「住民」と言ったほうが正確かも知れません。私自身も豊田市で生まれ育ったのですが、私が感じてきたトヨタとはかなり違う印象を持たれていると思います。また、トヨタ本社のある豊田市に住んでいるからこそ、肌で感じてきたこともあるかと思います。その点についてお話頂ければ、と考えております。

支援の経緯

藤原　カルタイのセッション報告においても、労組支援の会に参加するきっかけについてお話してくださったのですが、そこをもう少し詳しく聞かせていただきたいと思います。田中さんは、フィリピン工場の立ち上げの前から関わって来られたのですか？

田中　いや、僕じゃないよ。フィリピン工場立ち上げの前に、フィリピンの労働者何百人をトヨタの本社が技術指導をした。彼らはカトリック教徒だから、豊田市に来て、ミサをやりたい、要するに教徒として義務だから、で、カトリックの日本人シスターが接触をしたんだよね。彼女がフィリピン人労働者から非常に信頼を得たわけ。その時は、僕はカトリック教徒ではないのでノータッチだったんだけど。で、彼らが帰って、現地で工場が動き出して、「我々で労働組合を作ろう」っていう動きになったときに、そのシスターに、日本からの応援を、例えば本社で働いている人とか、豊田地域の人で激励のメッセージを送ってくれって、彼らが頼んだわけ。シスターは私たちがやっていた沖縄の基地撤去運動の集会に来てくれていたので、お互いに面識があった。でも、彼女は頼まれた内容に困っちゃって、面識のある僕らにメッセージを送ってくれんかと頼んできたわけ。それがきっかけ。

藤原　それから「愛知の会」を立ち上げられたのでしょうか？

田中　いや、もっと後だよ。はじめは争議については全然知らなかった。争議が起こっているということはうすうす聞いてはいたけど。関わったのは激励文を送ったことだけ。それに僕らがなんかやろうってったって、何もできないから。まあ、向こうに労働組合ができちゃって、なおかつできた途端に半分以上が解雇されたということがポン、と起こったわけでしょ？　向こうの人から言うと、日本のトヨタ本社に抗議に行きたい、訴えたいってことになるじゃない？　フィリピントヨタと交渉しても埒が明かないから、って。で、激励のメッセージを送った私たち宛に「抗議行動に行くのでよろしく！」という連絡がきて（笑）。

藤原　それでは、メールを送った相手から急に文書で「行くので、よろしく」と頼まれたわけですか？

田中　そうそう、「行くのでよろしく」って。もうね、「来る」という字を見た途端、頭真っ白だよ。向こうは着々と来る準備をしていたわけで、こっちはおろおろしていたわけよ。それで、それでも五人グループだけど、まあね、こういう事件が起きると知らないってわけにもいかないし、今まででも頑張れ、頑張れ、って言ってたわけだからね。今、お金がないじゃない？　簡単に言うと。で、旅費や何かは横浜（注：フィリピントヨタ労組を支援する会本部）が中心となってカンパしてやったみたいね。

藤原　それで抗議行動を最初に行った二〇〇一年には、フィリピンから何人の組合員が来日されたのですか？

田中　あの時は二人だったかな。とにかくお金がないからさ、それこそ沖縄基地反対とか、川の浄化運動とか一緒にやっていたお寺の住職さんがいたから、泣きついて、お金はないけれど一晩本堂を貸してくれ、と。で、知り合いのお百姓さんに、市場に出せないものでもいいから何でもいいから食えるものよこしてくれ、と頼んで、最初の時はこれで終わりだ。この二つ、寝床と食事を提供したこと。それから、三年ぐらい同じことが続いたかな。最初は、これで終わりだろうと思うじゃない？　そんな毎年来るなんて思わんもん。でも、それから毎年来るようになっちゃってね。で、二年目は断ったんだ。

トヨタ問題固有の特質

藤原　断られた理由は何なのでしょうか？

田中　人が寄らない。あのね、豊田市にこういう人がくるから、来てくれ、って言ってもね。たとえば、沖縄基地の運動だったら豊田でも二、三〇人は集まるんだよね。川の浄化運動でも集まる。だけど、フィリピントヨタのことで、本社前でこんなことやるから来てくれ、って言ったら、片手いないんだよ。

藤原　では、逆に参加者はどのような人だったのでしょうか？　その中にトヨタの労働者はいたのでしょうか？

田中　いや、いたけどね。組合で僕が支持して、あの組合役員やって首切られそうになった人とかね。ま、それは一人だったけど。彼以外にもトヨタで働いている人もいたんだよ。でも、それは表には出さない。もう、何が起こるかわからないからね。そうするとね、豊田で抗議行動をするために人を集めるたって四、五人にしかならない。で、本社から来るってたってフィリピンから一、二人でしょ。で、ほかにも愛知でたとえば名古屋で活動している労働組合の人に声かけていけば、五人ぐらいくるから、愛知では一〇人ぐらいにはなるの。それで集会やるってたって、それでもそんな少人数の集会をやっても意味がないって思って断ったの。勘弁してくれ、って。そしたらね、横浜本部が「やれんとは言うけど、宿舎の手配ぐらいはやってくれるよね」って。それ聞いてちょっとほっとしたんだよ。愛知で集めなくても、決断してやってくれる人がいるんだなってね。それならこっちは五人でも一〇人でも展開すればいいことだから、それで二年目もやったんだよね。で、三年目。三回同じような感じだったかな。行くぞ、って言われてからやった。

藤原　集会はどこで行ったのでしょうか。

田中　本社の前。

藤原　それは結果的にどのようなインパクトがあったとお考えですか。

田中　それはね、トヨタがどう考えたかってことだからね。本社前ではあるだけの数、旗をバーンと並べてね。目立つように。あと、ビラを配って。

藤原　本社前で配るビラは、トヨタの従業員には受け取ってもらえるのでしょうか？

田中　もらってくれない。一〇分の一ぐらいだと思う。そりゃ、守衛さんも立って見てるわけだし。本社前っていうのは、街の中でまくのとは全然違う。中にはトヨタの人事とか役員もいるわけだから。

藤原　トヨタ側は交渉には応じたのでしょうか。

田中　結局、応じたって言っても「話を聞きましょう」ってことだわ。トヨタ側は五人だったかな。時間は三〇分。一回目も二回目もたぶん一緒だったと思う。だから、聞いて終わり。だって出てくるのが本社の総務部の庶務課の係長ぐらいだもん。彼らには何の権限もない。「はいはい、いや、フィリピンの問題はフィリピンの会社が対応する」って。交渉じゃない。交渉に来た人を追い返すと、もっと怒りが強まるだろうって。それだけだろうね。私はね、経営側がこの問題を解決するとは思わない。変わるとしたら、それは労働者だと思っている。だから、本社工場労働者の中に一緒に支援してくれる人を何人つくっていけるのかが焦点だ、と。それだけを考えていて生きているんだよ。

組合員の覚悟

藤原　インドトヨタでも三人が解雇された際に、二三五〇人の労働者のうち三〇〇〜四〇〇人がストライキをしたということで、これも非常に大きな労働争議（二〇〇六年一月）が起こったようです。また、カルタイのメインセッション報告で武者小路公秀先生が指摘されたのですが、多国籍企業は海外で受益受苦の格差を包摂する系列を形成していて、先進国はその上流、そうではない途上国は下流に置かれてしまっている、と。この指摘を踏まえると、今回の問題、すなわち大量解雇、それに対する長期に渡る抗議行動はフィリピンやインドだからこそ起きた、と考えることができると思うのですが。

田中　そうだろうね。アメリカだったらこんな大量解雇はしないだろうね。それに、抗議ということを考えても、日本でフィリピンのような問題が起きたら、日本の労働組合は五年ももたないと思う。フィリピンは一〇〇〇人ぐらいの工場で五〇〇人の組合を作って、組合員の半数が解雇された、ってことでしょ。日本で言うと二〇〇〇人ぐらいの会社で組合作って、二〇〇人解雇されたら、法廷闘争でお金をくれ、っていうのはあるかもしれない。でも、フィリピンのように、全員じゃなくても相当部分が工場に残って、いつまでも家族ぐるみで闘いをやるってことにはならない。

藤原　日本人の場合、おそらく他の就職先を探すのではないかと思うのですが、では、フィリピントヨタ労働組合の組合員は、何故そこまでトヨタに固執しているのでしょうか。

田中　今、フィリピンでは環境活動家とか労働組合の活動家の指導者の身に危険が及んでいて、国連の人権委員会が調査を開始した。そうすると、いつ何があるかわからない。僕が思っているのはね、その中で立ち上がるっていうのは、そもそも指導者たちには組合作ったときから、それ相応の覚悟があるんじゃないか、と。だから、そこまで覚悟して立ち上がったからには、そう簡単には屈しない、ということじゃないかな、と思っている。僕でも逃げ出すよ。

藤原　トヨタの賃金はほかに比べていいのでしょうか。

田中　うんといい。

藤原　トヨタに固執する理由には、賃金が良いという側面があるのでしょうか。それよりも覚悟のほうが？

田中　つまりはね、企業に対して、勝ちとったわけよ。労働法に則って労働組合も作れたし、最高裁でも組合を承認してもらえたし。それを全部無くされたわけだからね。

藤原　それで、解雇された彼らはこの問題を、政治的な問題とも捉えているのでしょうか。

田中　だろうね。政府を変えないかんと思い始めると思うよ。思っていると思うよ。そういう意味でも活動をしているんじゃない？

でね、もうひとつ思っているのはトヨタの労災闘争とか、解雇問題とか、僕は一生懸命やってきたんだけれど、僕らの活動に対するトヨタの扱いっていうのは、「無視」なんだよ。ビラをいくらまこうが、一切相手にしない。そういうのがずっと続いてきたから、今回も同じように「無視」なんだと思ったら、これは違うんだよ、フィリピンの問題は。ちょっと動いただけで、さっき言ったように警察が立ってたこともなかったし、具体的にこれに気をつけろ、って文書を社員に配ったこともないんだけど、フィリピン問題にはやってるんだよ。身内とか地域とかでそういう運動があったら、ちゃんと報告するように、っていうような文書がまわっているの。だからそれだけ危機感持っているの。今まで「無視」できていたのがもう「無視」できないっていうか、世界的な問題になったからかもしれないしね。ＩＬＯからの勧告も何度も出ているし。そんな感じがする。トヨタの経営者にとって。

国内のトヨタ

藤原　こういう問題に対し、労働者の側からすると、フィリピンのトヨタ労働者と、日本のトヨタ労働者との間に同じ企業の従業員としての「同士感」みたいなものはあるのでしょうか。労働者間のつながりよりも、むしろ経営者との一体感の方が強いのでしょうか。田中さんはどのように思われますか？

田中　いや、分からないんだと思うよ。興味を持たない。例えば公害問題だって、一緒じゃない？　東京で大気汚染裁判の和解が出たでしょ（注　東京大気汚染公害訴訟――東京都内に住む慢性呼吸器疾患患者六三三人が国、都、首都高速道路会社、ディーゼル自動車メーカー七社を相手取り、損害賠償請求、汚染物質の差し止めなどを求めた訴訟。一九九六年の一次提訴から一一年後の二〇〇七年八月に東京高裁・地裁で和解が成立）。あれだって、自分たちが作った車からガスが出て、東京で多くの都民が喘息になった。でも社員は興味を持たない。連帯感はなかった。これと一緒だと思うんだ。

藤原　フィリピンでの労働争議が二〇〇一年に起きてから、既に六年の歳月が経とうとしています。勉強不足なのかも知れませんが、私はカルタイのメインセッションに関わるまで、このフィリピンの問題について、まったくと言ってよいほど知りませんでした。

田中　マスコミも含めてトヨタが全部コントロールしている。だからある種異常なんだよ。あのね、トヨタで労働災害が起こった時もね、そのころ一生懸命やったわけ。

でもね、本当に簡単な話なんだけどね、トヨタの工場に行くとね、大きな看板があるわけ。「労災無事故達成何万時間」と。それが各工場にバーンと。無事故がこんだけ続いています、と。ところが実際にどこかの工場で従業員が足をくじいたとするじゃない？　で、直属の上司である班長はどう思うかというと、「これで歴代続いた何万時間という記録が私のところでストップしてしまう」と。だから班長は「申し訳ないけど家で漬物石を落としたことにしてくれないか」となるわけ。で、「病院の送り迎えは俺がやるから。工場への送り迎えも俺がやるから」と班長や工長が言うわけ。「工場へも出勤してくれるだけでいいから。ただ座っておってくれるだけでいいから。俺が送り迎えするから」とね。こうなるわけ。そうするとずっと続くんだけど、やがてどうにもならなくなる。交通事故も同じだよね。トヨタ系の社員は交通事故を起こすと本人だけじゃなくって、上司にも昇進に影響が出ることがあったんだけど、「私が（医療費などの金銭面を含め）面倒見るから、労災申請はしないでくれ」って頼んで、実際に上司がその人の面倒を本当にみるか、っていったらそんなことはずっとは続かない。そういう人をこちらが助けるわけだ。労災とろうって。簡単なのよ。本人が証言して、目撃者がいれば、労基署（労働基準監督署）は認めるよ。簡単なの。それからダーッと二〇人以上が労災をとったことがあるの。三〇年前ぐらいのことだけどね。

藤原　一人そういう行動を起こした人がいたから雪崩式に？

田中　そうそう。自分も行けば、労災認定されるかも知れないって。俺も、俺もってなるじゃない。ところがね、これがある日、トヨタの労働安全委員会が、「疑わしきものは全部あげよ」と。「自分で判断するな」と。「本社で判断する」と。そのような通達を出したわけ。で、疑わしいものを全部認定したわけ。こんなに労災患者を隠しているということが発覚したら困るから、労基署が認定しないようなものまで認定したのよ。

藤原　では、会社側としても、達成云々よりも認めてしまった方がよい、という判断に切り替わったということだったのでしょうか？

田中　だろうね。

藤原　それでは、田中さんはフィリピンの問題以前にもトヨタに関する活動はされていたのですね。大学を卒業されてから、そのような活動を始められたのですか。

田中　そうだね。学生運動からだね。僕が行っていた名大でもあったんだよ、学生運動は。もともとは労災隠しだとか解雇問題とかだったね。そんな問題は俺らがやらなきゃほかに誰もやらないと、思い込んでいた。グループでは、同世代が一〇人ぐらいいたかな。学生運動あがり、いわゆる全共闘世代（全学共闘会議。一九六〇年代後半に起きた大学紛争時に、国内の大学につくられた学生運動組織）。ビラぐらいは自分らのお金で刷って、まいていたよね、工場の前とかで。

藤原　田中さんにとってのライフワークなのですね。

田中　だんだんくたびれてきたけどね。でもね、そのころは必死だったよ。なんとか世の中変えんといかんってね。今は、支援している活動を消化するだけで一生終わると思ってる（笑）。

トヨティズム問題

トヨタという企業を、豊田市という地域にいながら、企業の「外」から見てきた田中氏には、最近のトヨタへの評価に「違和感」を覚えるという。その「違和感」について質問をした。

藤原　カルタイのセッション報告で田中さんがおっしゃった「結局、トヨタ自身はこの三〇年間中身は何にも変わっていない」という言葉が、強く印象に残っています。世間では、トヨタ生産方式をはじめとするトヨタの手法を見習うべくトヨタを称揚するような本が次々に出版されている中にあって、田中さんは「トヨタは何も変わっていない」と喝破されました。そのことについて、何が変わっていないと思われますか？

田中　利潤追求のために人減らしをやって、下請けをいじめて、っていうのは変わらん。それをもう徹底的にやる。これは俺の胸に響いたんだけど、乾いた雑巾をも絞るだけ絞って水をだす、っていう言葉が二、三〇年前に流行ったんだけど、ほかの会社よりもっと絞る、というのはそのとおりだな、って。だからトヨタはギリギリの合理化を一番メインにおいてきた。

ところが僕らが活動しとった頃は、バブル全盛だったし、そんだけ絞めなくてもトヨタより儲けた企業がいっぱいあったの。例えば銀行とかね。絞らんでもいいでしょ、儲かるでしょ。だけど、今の時代になると、そういう企業が全部落ちてっちゃった。バブルが崩壊しておかしくなった。その中で、何も変わらないトヨタが生き残り、日本一になり、世界一になりかかってるでしょ。そうすると、ああいうやり方が一番よかったということになるでしょ、特に経営側にとってはそう映るよね。「トヨタに学べ」ってことになるじゃない。

藤原 「変わったのは周りだ」とおっしゃった意味とは、他の日本企業がバブル崩壊によって衰退していっただけで、トヨタが変わったのではない、と。結果からすれば、根本では手法が何も変わっていないトヨタが独走状態にあった、ということでしょうか。

田中 そう。今ではトヨタは経団連どころかさ、中部財界でも会長はトヨタだし。昔は、三河の田舎のがめつい一商人だと、江戸とか大阪の豪商から蔑視されてたわけ。だって、なれなかったんだもん。でも、最近は経団連でも何でも聞くでしょ、トヨタの名前が出るでしょ。それで世間の評価は変わっていったって、僕は思っている。

全トヨタ労働組合

藤原 国内では、労使協調型の全トヨタ労働組合連合会（略称「全トヨタ労連」）とは別に、全トヨタ労働組合（略称「全トユニオン」）・二〇〇六年一月に結成された、正規・非正規社員を問わずパート、期間、嘱託、管理職、派遣など全てのトヨタ関連企業で働く労働者が一人でも加入できる個人加盟の単一組織）ができましたが、これは新しい動きですよね。

田中 私、サポートしているし、お互いに支援しあっているよ。

藤原 そうなのですか。トヨタが企業内で作られた自主的な組合を認めるようになった、というのは、やはり労働者のなかにも、今の労働組合の役割などに違和感を覚える方たちも出てきている、ということなのでしょうか。

田中 そうだよね。昔に比べたらね。全トユニオンを作ったグループは、これじゃないともう動かないと思ったんだろうね。要するに、労働組合の活動家の間での、昔からのセオリーでは、自分らのパイをできるだけ広げて、多数派とって、執行部つくって、それで会社にぶつかっていく、これが正当な活動の順序なんだ。だから労働組合の活動家っていうのは、自分たちの主張をいかに半数以上の労働者に支持してもらうか、ってことに力を注ぐわけ。でも、今回の全トユニオンの場合はね、たとえ人数が少なくても組合を作るべきなんだ、と踏み切ったんだろうね。これはよっぽど気持ちの切り替えをしないとできない。

組合活動の特色

藤原　そこですよね。気持ちの切り替え…。労働者たちの考え方が変化していくことに、経営側はそれを抑えるのが困難になってきている、ということでしょうか。

田中　トヨタではそうかもね。でも、昔から組合活動なんかはあったよ。国鉄なんかはね。それに困ったから、分割民営化をして、国労（国鉄労働組合）関連者を切ったわけ。それで、労働組合作ったから国労の人は現在、少数派になっているよね。国労の場合は多数派から少数派になってしまった、ということなんだけど、トヨタの全トユニオンの場合はその順序を逆にしようっていうことだからね。組合が解体していく過程っていうのはあって、国労のように多数派から少数の組合で残る、っていう例はたくさんあるけれども、このトヨタは多数派の御用組合とは別に少数派の組合を作るっていう、日本では初めてのケースじゃないかな。

藤原　この全トユニオンの活動に共感している方は企業内には多くいらっしゃるのでしょうか。もしくは、たとえ共感していても、雇われている「雇用者としての立場」というものもあるでしょうし、それとの葛藤だと思うのですが。

田中　昔から同じだと思うんだよね。労働側と、経営側とが対等になるためには、労働組合の考え方を、ちゃんと自分たちの権利を主張する組合にしなければならないって、普通の人はそう思うよね。ところが、自分が、主になってやるかどうかってなると、家族がいるし、地域があるし、って。働いてお金貰ってるわけだから。昔からそのせめぎ合いだわ。

地元、豊田市での反応

藤原　田中さんの活動に関して、地元の人たちや、友人、中にはトヨタに勤めている人もいらっしゃるということですが、その人たちの反応というのはどういったものなのでしょうか?

田中　僕は前からあの、労働組合で国労とかの活動に共感して、活動をしていたから、もともと異端児。だから、そもそも変わっている異端児につきあってくれる人が友達になっているからね。

藤原　豊田市で活動をするのと名古屋で活動をするのは違うと思うのですが?

田中　違うだろうね。やりにくい部分はあるよ（笑）。やっぱりパージ（purge）をされやすいね。地区でも何でもパージをされやすい。どうやらあれは過激派の親分らしいと。僕が働いてた労働組合でもそんな感じだよ。僕にも三回ぐらい、何とかやめさせないかんという動きがあったからね。田中がやることが市の労働組合の方針だと思われたら、トヨタの労働組合ににらまれるとうちの組合どうにかなっちゃうんじゃないか、という危機感をもたれちゃったね。

藤原 それでもやめないのは?

田中 だって私は勝手だもん（笑）。ま、でも制約はあるよ。これ以上組合の方針として書いてしまうと、否決をされるだろうと言う事はかかない。負けが続くとね。

藤原 もうひとつ、豊田市民としての田中さんにお聞きしたいのですが、トヨタ関連の著書には、例えば「駅前があまりに殺伐としている」とか、「生活の匂いがしない」、などという表現が見られます。その理由として挙げられているのは「TQC（Total Quality Control）とか提案とかでくたびれきった労働者でいっぱいだからだ」と。このような市のイメージについてですが、これらは、豊田市を外から見て感じたものだと思いますが、豊田市民としての田中さんはこれらのイメージやその原因等の言及に対して、どう思われますか?

田中 半分はあたってるんじゃない? いや、自治区とかね、区長になったりするのは自民系かトヨタ系じゃない? これはトヨタが意識してやっているのか、もしくは住民のほとんどがトヨタ系だから選挙をするとそういう結果になるのか、真相はわからない。でも、外から見ると、トヨタが命令してやっているように見えるのかも知れないね（笑）。そう考えると、豊田市の自治は機能しているのかもあやしいね。少年時代はね、僕は愛媛県の新居浜にいたんだよ。住友の城下町。そういう意味ではトヨタと一緒。デパートでも病院でも何でも住友経営が作って、地域住民が使う。「住友さん」っていうと格がひとつ上だったから、今から考えると一緒だね。

藤原 日本では企業、社会、個人の混同が起こっていて、個人と従業員が未分離であると。またそれは企業による個人の私物化が起こり易くなっている、という内容の論文（首藤、一九九三）を読んだ時は、実に衝撃的でした。

田中 ま、企業都市は結果的にそうだろうね。

藤原 私が通っていた小学校では、一クラスのうち九割近くの父親がトヨタ関係者だったので、そうではない自分の家庭が幼心にもなんとなく異質なのかな、という感覚があったのを覚えていますが、田中さんはこの地域にいて疎外感みたいなものはないですか?

田中 僕はここに来た頃から、労働組合に就職したのも、学生運動みたいなものを続けたいという意識だった。そういう意味ではそもそも異端で入ったから。そういうことをやれば周囲に白い目で見られるだろうな、って思いながらやってきたわけだからね。

藤原　トヨタの従業員の友人は地域にもいらっしゃいますか？

田中　いるよ。一緒に活動しているよ。たとえば、フィリピンから来る人の宿屋の手配とか、食事の世話とか、表からは見えないところで活動を支援してくれているよ。だけど、集会に出れば会社はわかっているから、完全な影武者じゃないよ。

藤原　では、その方たちにはある程度の覚悟みたいなものがおありになるのでしょうか。

田中　「俺はお前と知り合ってしまったから、絶対に出世しないね」とか言いながら付き合ってくれてるよ（笑）。

工場内での「ＨＵＲＥＡＩ」問題

藤原　最後に、フィリピントヨタの「ＨＵＲＥＡＩ（ふれあい活動）」（トヨタ労務管理の特徴である「人間関係諸活動」のひとつであり、二〇〇二年に発足。トヨタ、二〇〇六）の一環として起こったストリップ事件（二〇〇六年四月にフィリピン人課長が、フィリピントヨタ工場内にストリップダンサーを呼んだことが発覚、当課長は翌月の朝礼時に謝罪）のことでお尋ねします。この事件が発覚した際、田中さんはどのような印象を持たれましたか？

田中　要はね、トヨタが労働組合をつぶすためにはあらゆる手段を使うわけ。で、それは課長の権限を強くして、現地の労働者全員が課長の言うことに従うようにさせたいわけ。そういう指導をするわけ。従業員を自分に従わせるためにフィリピンでは、課長に金を渡しているわけ。例えば、飲みに連れて行ったりとかね。コミュニケーション活動の一環としてね。で、自分の部下に女好きがいたらね、こうなっちゃうんじゃない？　だからね、いつも思うんだけど、トヨタが組合潰しのために使っているお金や、今回のようにストリップを呼んでくるお金、最高裁の判決に控訴しているお金、政治的に使っているお金、これは莫大な金額だよね。今、フィリピントヨタで働いている全労働者の賃金をかなりあげてもさ、あまっちゃうぐらいの金額を使っているんだよね。はじめにフィリピントヨタの労働者が作った労働組合員の賃金を倍にしてもさ、あまっちゃうよね。そうした方がよっぽど簡単なはずなんだよね。

藤原　であるのならば、何故そうしないのでしょうか。あくまでもこの問題は、金銭的な問題とは別の次元で考えた方がいい、ということでしょうか。

田中　一言でいえばね、権利を主張する労働者が嫌いなんだよ。

藤原　トヨタのシステムを機能させるためには、もしかすると譲れない点なのかも知れませんね。支援活動をライフワークとされる当事者ならではの、大変貴重なお話を頂きまして、どうもありがとうございました。

【藤原付記】

今回起きた、工場内でのいわゆる「ＨＵＲＥＡＩ」事件の背景には、文化を含めた人事管理の移転問題が横たわる。トヨタでは、当活動を「各種行事に社員から期間従業員・派遣社員までの参加を呼びかけ、職位・職場を超えた人間関係の交流を図り、明るい会社生活を送る一助として取り組む」（トヨタ、二〇〇六）としている。「ＨＵＲＥＡＩ」は「従業員の全員参加のコミュニケーションを充実することで一体感の醸成と職場力の向上」（トヨタ、二〇〇六）することを、目的としている。日本国内では駅伝大会などが、「ＨＵＲＥＡＩ」に該当するが、この活動をストリップショーに充当したフィリピン人課長には、「ＨＵＲＥＡＩ」の意図が理解されていなかったのか。もしくは理解はしていたけれども、ストリップというような手法に頼らざるを得なかったのか。いずれにせよ、この例を見る限りにおいて「ＨＵＲＥＡＩ」を含めた人的管理手法が日本と同じように機能している、とは考えにくい。

また、「ＨＵＲＥＡＩ」が企業の持つ男性中心の論理を包摂した形で表出した、とも考えられる。現地従業員に対する一体感の醸成の手段として、「性の商品」に頼るにいたった課長の「苦悩」が見え隠れする。例えば、豊田市では市場原理により性風俗産業が減少している状況を鑑みても、課長の決断に対し単なる「逸脱行為」との批判で終わらせるのは、早計かも知れない。すなわち、日本では駅伝大会などが従業員間の結束力を高める有効な手段となり得ても、フィリピンにおいてはそれが通用しない、という可能性を示唆している。ここに異文化におけるトヨティズムの脆弱性が垣間見られる。

田中氏が支援するフィリピントヨタ労働組合の労働争議、また「ＨＵＲＥＡＩ」活動に関する両問題は、トヨタが日本的労使関係を現地に移植しようとするものの、それが如何に困難であるかを物語っている。日本的労使関係の海外移転可能性の是非が、ネガティブなインパクトを持って映し出されているのではないだろうか。と同時に、その高いリスクにもかかわらず、進出先へ日本的労使関係を移転しようとするトヨタの一連の姿勢は、トヨティズムと労使関係の不可分性を一層強調している。

「トヨティズムに普遍性はあるか」という題目のもと行われたＢ・コリアとの対談において、普遍性に疑念を抱くという中西は、日本の労使関係なり、日本の社会が持っている性質を一語にまとめている。それは「権利を前提としない平等」

（中西他、一九九三）だという。奇しくも長年に渡り、労働者救済活動の「当事者」である田中氏が肌で感じた「権利を主張する労働者が嫌いなのでは」というトヨタへの評価と符合する。多少穿った見方かも知れないが、トヨティズムの特徴に即して言えば、労働者に求められる「自律」とは、生産の場に限定されたものであって（この「自律」にも様々な解釈がされているが）、主体性を持つ一労働者としての「自立」は、排除されるべき「ムダ」に分類されるのかも知れない。

そもそも、トヨティズムは資本の論理に依拠している。トヨティズムの支柱をなす労使協調関係とは、あくまで経営側に優位な関係である、との解釈に異論はないであろう。さらに、近年台頭した新自由主義は、トヨティズムの論理に適合している。すなわち、個人主義を基底とし、「自由な市場」の障害となるべくあらゆる介入（政府による規制など）を批判的に捉える新自由主義の論理は、法的には団結権の保障がされている労働組合を白眼視する（田端、二〇〇七）。このような潮流においては、組合組織率の低下に見られるように、労働組合は危機的状況に陥る。労働者は資本の論理で淘汰され、資本と迎合的な労働者のみが生き残るのである。今回のフィリピントヨタの事例は、その端的な証左なのかも知れない。

参考文献

猿田正機、二〇〇七、『トヨタウェイと人事管理・労使関係』税務経理協会、三二九頁

The Chamber of Automotive Manufacturers of the Philippines, Inc.（CAMPI）ウェブサイト、2007 CAMPI SALES REPORT（最終アクセス：二〇〇八年三月三一日）

http://campiauto.org/write/CAMPI%20-%20Part%201%20-Statistics/2007%20CAMPI%20SALES%20REPORT.pdf

首藤信彦、一九九三、「新しい日本企業を求めて――日本企業の実像そしてその革新」『経済評論』日本評論社、四二巻四号、七九―八〇頁

田端博邦、二〇〇七、『グローバリゼーションと労働世界の変容』旬報社、二六八頁

トヨタ自動車株式会社、二〇〇七、『トヨタの概況２００７』トヨタ自動車株式会社 広報部、一二頁

トヨタ自動車株式会社、二〇〇六、『Sustainability Report 2006』、五三頁

Toyota Motor Philippines Corporation（TMP）ウェブサイト、Toyota Cars（最終アクセス：二〇〇八年三月三一日）

http://www.toyota.com.ph/cars/new_cars/index.asp

バンジャマン・コリア、中西洋、花田昌宣（通訳）、一九九三、「対談 トヨティズムに普遍性はあるか――B・コリア『逆転の思考』を中心に」『経済評論』日本評論社、四二巻二号、二一―二七頁

フィリピントヨタ労組を支援する会ウェブサイト、（最終アクセス：二〇〇八年三月三一日）

http://www.green.dtine.jp/protest_toyota/other/nenpyo.htm

column

トヨティズムの場所の意味

西村雄一郎

　豊田市の中心市街地の東、住宅地と山間地との境界に立地するトヨタ鞍が池記念館に豊田喜一郎別邸が移築されたのは、一九九九年のことである（次頁写真）。それまで自社の新技術などが紹介されていた展示室は「トヨタ創業展示室」として改装され、トヨタ自動車株式会社（以下トヨタ）創業期を紹介する映像やジオラマなどの展示に変わった。この新たな展示からは、グローバル化が進展する現在、「豊田」という場所に新たな意味を持たせようとする企業の試みを読み取ることができる。

　これまで労働社会学・経営学などの分野で行われてきた膨大なトヨタ「企業城下町」研究は、資本によって囲い込まれ、一般の社会とは隔離された特殊な場所として、また同時に、高度成長期の日本の「企業社会」像が最も極端・純粋な形で表された場所として「豊田」を描き出してきた。その中心は「トヨタマン」と呼ばれる、トヨタカレンダーのもとで長時間労働もいとわず、トヨタ生産方式に従って生産を行う中核的労働者である。彼らはホワイトカラーと同等の高賃金・長期安定的雇用によって、主要な働き手である夫と主婦である妻という単一稼ぎ手モデル世帯を実現した労働者であった。「豊田」の都市形成は、社宅や生協、関連会社の開発による持ち家住宅団地といった企業が関与する生活関連施設・従業員福利厚生制度に依存しており、家族を含め生活全体を企業に帰属させることで、都市的なライフスタイルが実現されたのである。

　しかし、このような企業の論理が貫徹した場所としての「豊田」そのものは、一九九〇年代後半以降の構造的不況やトヨタのグローバル化を受けて変質してきた。

　構造的不況に対応するために、外国人労働を含む、請負・派遣労働の広範な利用などによる短期的・不安定労働が増加した。このような雇用変化によって、企業や企業グループへの帰属意識が弱まり、生産現場での従来型のトヨタ生産方式の貫徹が困難になっていることが報告されている（伊原亮司　二〇〇七「トヨタの労働現場の変容と現場管理の本質」『現代思想』三五―八）。

　また、生産拠点の海外移転によって、企業の雇用・労働・環境などの法令の遵守や社会的責任の履行などの国際的基準への適合が求められ、従来のトヨタ生産方式に基づく「企業城下町」的論理と市民社会的な規範・価値観とのずれがクローズアップされた。トヨタ自動車の工場は、海外移転のマザー工場として位置づけられるようになったが、従来のトヨタ生産方式をそのまま海外の工場に適用することは困難であり、むしろマザー工場側の体制を変化させる必要が生じた。単能化を進め、身体的負担・熟練を必要としない新しい生産ラインの導入、一九九五年に行われた勤務体系の変更（西村雄一郎　一九九八「自動車製造従事者の生活の時空間変化――生産プロジェクト・家族プロジェクト概念による分析」『人文地理』五〇―三）、女性現場労働の導入などの変化は、グローバル化に伴うトヨタ生産方式の変質を示す現象である。

　特に一九九五年に行われた勤務体系の変化は労働者の「企業社会的」なライフスタイルからの変化を示すひとつの契機となった出来事であった。一九九五年五月にトヨタの製造部門では、従来行われてきた昼夜二交代制（昼勤が八時から一七時、また夜勤が二一時から翌朝六時の二交代制）から連続二直制（一直が六時三〇分から一五時一五分、二直が一六時一五分から深夜一時の二交代制）へと勤務体系が変化した。これは、生産拠点のグローバル化によって、余剰となる国内の生産能力を調整するために、相対的に高コストとなる深夜の勤務時間を減少させること、また深夜の労働・残業時間を減らすことで、身体的な負担が少なく女性や高齢者でも働くことが可能な職場を作ることを目的として行われたものである。

その結果、労働者や家族の日常生活も変化した。昼夜二交代制の下では行われていなかった労働者の自由活動が増加するとともに、かつて固定的な性別役割分業に基づき営まれてきた世帯の家事や育児にも変化が生じ、夫による家事や育児の分担が行われるようになった。その一方で、かつて行われていた家族全員での食事を取る活動は不可能になった。結果として、トヨタのグローバル化による生産システムの変化は、以前の生産システムが要請してきた単一稼ぎ手モデルの下でのライフスタイルのありかたをも変化させたのである。

以上のような変化は、従来のトヨタ生産方式が浸透し、一般社会と異質な場所である企業城下町「豊田」の意味が衰退していったことを示唆しているように思われる。これに対してトヨタ鞍が池記念館の展示の変化にみられる「豊田」の新たな場所の意味とはどんなものであろうか。

豊田喜一郎別邸は、一九三三年に豊田佐吉邸などと同じく名古屋の近代建築に多大な影響を与えた鈴木禎次によるものであり、名古屋の戦前の近代都市化のもと、郊外の高級別荘地として開発された八事・南山（昭和区南山町）にあった別荘を移築したものである。その点からすると豊田佐助邸などと同じく名古屋のモダニズム形成に関わる建物のひとつである。しかし、この建物は名古屋で建設された場所の文脈から離れ、「豊田」に新たな意味を付与するための存在として位置づけられることとなった。サンルームや洋間のガラス戸の意匠や食堂のオープンカウンターなどの欧風建築と、二階部分の日本建築が組み合わせられた和洋折衷様式は、海外から得た自動車産業技術を参考に国産自動車産業を確立したトヨタ自動車の創業期の和魂洋才的なものづくりの精神を象徴する建物として意味づけられている。

このように鞍が池記念館の展示では、名古屋のモダニズム建築が転用されることで、かつての「豊田」に付与されてきたようなトヨタ生産方式に基づく労働が労働者によって実践される場所、周りの社会と明らかに境界づけられ、異質なものとして区別されるような「企業城下町」的な場所の意味は希薄である。トヨタ自らが現在を「第二の創業期」として位置づけるなか、それに代わる「豊田」の新たな場所の意味とは、トヨタの「源流」「聖地」「伝統」「東西文化の接合」というシンボリックな意味である。これはグローバリゼーションの固定的な支持点として新しい場所のアイデンティティを再構築しようとする企業の意図を示しているのではないかと考えられる。

Ⅱ　トヨティズムの生活圏

トヨティズムは労働の問題だけでなく、日常生活、文化など、現代社会の様々な局面に影響を及ぼしている。東海地方では、トヨタを中心とした自動車産業の末端を支える労働者として、日系ブラジル人を中心とした外国人労働者が注目されているが、第二部では、こうした外国人労働者に焦点を当てつつ、トヨティズムの生活圏をめぐる問題に迫ることを課題としている。

松宮論文では、ゴミ問題・騒音といった地域での「外国人問題」として語られる現象が、実際には、トヨティズム的労働による問題が地域に押しつけられた現象としてとらえるべきことを示す。その上で、急増する外国人労働者を「地域住民」として受け入れた愛知県西尾市の事例分析から、この問題に対抗する地域的取り組みの可能性を探っている。

イシカワ論文では、日系ブラジル人の経験を詳細にとらえた分析が行われる。ブラジルへの日本移民の歴史と日系人社会形成における「日本人」としてのアイデンティティ形成が論じられた上で、このような歴史的背景を持つ日系ブラジル人が、日本に移民した後に「日本人」から「ブラジル人」へと意識が変わる過程とその意味が明らかにされる。

米勢論文は、氏がかかわってきた外国人集住団地の地域日本語教室の実態分析から、トヨティズムを生きる外国人労働者の問題を新たな角度から照射する論考である。地域日本語教育から取り残されている日系労働者の現状とその問題を明らかにし、ボランティアに依存する地域日本語教室の限界を指摘した上で、地域日本語教育のあるべき方向性をめぐる議論が展開されている。

いずれの論考も、外国人労働者の実態からトヨティズムの生活圏の問題を明らかにすると同時に、問題点の指摘だけでなく、それを乗り越える可能性を考えるために必要な視点も提供していると思われる。

（松宮　朝）

外国人労働者はどのようにして「地域住民」となったのか？

松宮　朝

一　外国籍住民が半数を超えた団地から

一九九〇年の入管法改定施行から、東海地方ではブラジル人を中心とした外国人が増加し、その中でも愛知県は近年最も増加率の高い地域である（詳しくは米勢論文参照）。こうした中、愛知県西尾市の県営X住宅では、団地に住む世帯の半数以上が外国籍となった。そしてその大半がブラジル籍である。

このような状況に対して、人は何を思い浮かべるだろうか。ここですぐにイメージされるのは、いわゆる地域での「外国人問題」ではないだろうか。これまで外国人の増加した地域では、ゴミ投棄のルール違反、違法駐車、騒音、自治会費等の徴収困難、子どもの不就学、そして外国籍住民と「日本人」住民の摩擦などの「問題」などが繰り返しメディアで取り上げられ、「問題」という位置づけが一つの「常識」となってきたと言っていいだろう。これは筆者にとっても同様であった。二〇〇一年の春、集住地域の一つである愛知県西尾市を最初に訪れた際にも、いわゆる「外国人問題」を念頭において調査に臨んだことを記憶している。そこで筆者は「保守的」と言われる地域でどのような対立が起きているか、どのような問題が起きているのかを見ようとしていた。こうしたかまえは、「社会統合の文脈で『地域で暮らす外国人問題』として『発見』」（新原、二〇〇六、二三八頁）しようという、極めて狭い視野によるものだったと言える。

その後、西尾市における集住地域での外国籍住民と「日本人」住民を対象とした調査という当初の予定を終えてからも、県営X住宅自治会を基盤に結成された外国人支援団体G会の活動に惹きつけられて、七年ほど参加的観察を続けさせていただいている。G会の活動、そして、調査の場面だけでなく様々な形で外国籍住民の生活にかかわらせていただく中で、外国人をめぐる議論の前提となっていた観のある「外国人問題」という視点の持つ問題性を繰り返し教えられることとなった。それは、事前に想定していた様々な問題が地域の取り組みの中で解消し、ブラジル人住民を主体とした多様な地域活動が展開されている西尾市の外国人集住地域での取り組みから学んだことによる。「保守的」とされる地域社会は外国人の増加に対して排他的であるという「常識」的な理解からすれば、西尾市での地域的取り組みはそれとは全く正反対の志向を持つものだった。つまり、外国人労働者を「地域住民」として位置づけていったのである。これはどのようなプロセスを経て実現したのだろうか。そして、より端的に言えば、外国人労働者はどのようにして「地域住民」となったのか。この点を考えるうちに、筆者は問題の構造的背景に対する理解の必要性、地域での取り組みの可能性に気づかされることとなる。そしてこれらは、地域での「外国人問題」という表層的な理解を乗り越える上で不可欠な二つの視点と思われた。以下では、「外国人問題」という視点を乗り越える構造的背景の理解を行った上で、住民の半数以上が外国籍となった県営X住宅を中心とした、西尾市の地域住民の実践から見えてくる可能性について論じていくことにしたい。

二　トヨティズムを生きる外国人労働者の生活圏

「外国人問題」は、ともすると地域における外国人と「日本人」住民との間の文化的な摩擦としてとらえられがちである。この文化的摩擦を解消する概念として提唱されるのが「共生」、あるいは「多文化共生」というわけだ。しかし、「文化」の問題という認識だけでは思わぬ形で足をすくわれてしまうこともある。たとえば、「『共生』がうたわれる地域の多くは『文化的差異』だけでなく、社会的基盤の不安定という問題を抱えている」点（森、二〇〇七、一八〇頁）のように、文化的次元に矮小化されることによって見えなくなってしまう問題がある。端的に述べるならば、その問題とは地域に居住する外国人労働者がおかれている構造的背景である。外国人労働者の集住は、「企業城下圏」（都丸・窪田・遠藤編、一九八七、二七頁）として位置づけられてきた三河を中心とする東海地域の産業構造と地域形成プロセスの延長線上にある。特に東海地域におけるニューカマー外国人の増加については、トヨタを頂点とした自動車産業を担うフレキシブルな雇用を可能とする労働者という点から、すなわち、本書のテーマであるトヨティズムを生きる外国人労働者の生活様式の問題としてとらえることが必要だ。この点を踏まえると、「外国人問題」も違った形で見えてくることになる。「必要なときに必要な労働力を企業が手に入れるためには、当該地域社会に外国人が居住していることが必要条件になるということだ。フレキシブルな労働力は、外国人居住問題という地域社会への外部不経済があって初めて実現可能になる」（丹野、二〇〇七、七四頁）。したがって、トヨティズムを生きる外国人労働者と地域住民との関係の問題の本質は、「文化」の次元というよりも、トヨティズムの地域的発現形態としてとらえるべきと言える。このような認識は問題の本質的理解にとっても重要だが、それ以上に実践的なレベルでの視点の転換を促すものだ。外国籍住民はゴミ、騒音などで地域のフリーライダーとして問題を起こしているように見えるが、実際は外国人労働者として雇用することによって利益を享受する産業構造によって引き起こされた「強制されたフリーライダー」としてとらえる方がより正確である（同書、一〇九頁）。「外国人問題」の要因を外国籍住民にではなく産業構造・労働市場の問題から理解していくことにより、問題の「原因」として外国籍住民を認識する視点が相対化されるだろう。つまり、外国人の「文化」の問題であるとする「常識」を暴き、本来の利益享受者の責任と、様々な問題を地域に押しつける対策の見直しが課題として浮かび上がるのだ。

もちろん、地域の側ではこのような把握によって問題解決がなされるわけではない。しかし、このような問題の把握は、外国人と生活を共にすることが差し迫った課題となっていた地域の側からも行われていたことに注意したい。この点について、愛知県西尾市における地域的実践を通して見ていくことにしよう。

三　外国人労働者の生活圏としての西尾市県営住宅

西尾市は、三河地方南部に位置する人口約十万人の地方都市であり、一九九〇年以降外国籍住民の増加が続き、その数は二〇〇七年一二月現在で人口の五％を越えている。この西尾市には、愛知県で最も外国人比率の高い県営X住宅（二〇〇七年一二月現在で、入居戸数七五戸のうち外国籍住民の入居が四三戸、五七％）がある。

西尾市の事例が注目されるのは、県営住宅自治会、町内会など既存の地域組織が積極的に外国籍住民を迎え入れ、組織を再編し、外国籍住民に地域参加を促すことで、他の集住地域で「問題」とされてきた状況を事前に回避してきた点にある。ここで、その概要を示しておきたい。西尾市では、外国籍住民の集住が最も進んだ県営X住宅自治会を中心に、積極的に外国籍住民を自治会活動に招き入れることから支援の取り組みが重ねられてきた。こうした取り組みは、県営X住宅自治会の活動を母体に外国籍住民支援を目的としたG会が結成されることによって進展していく。このような地域的取り組みに後押しされる形で、二〇〇四年から西尾市の外国籍住民に関連する部署の連携強化や、市教育委員会によるバイリンガル指導協力者の増員が実施されるなど、行政の支援体制の充実にもつながったのである。また、二〇〇六年三月二六日には、外国籍住民の集住が進んでいた西尾市S町町内会総会で、町内会の下部組織として「外国人交流支援の会」を設置することが承認された。そして、二〇〇七年四月からは県営X住宅自治会長にペルー人の住民が就任している。

こうした西尾市での地域的展開は、外国籍住民の入居制限の要求がなされるなど排他的な動きが目立つ他のニューカマー外国籍住民集住地域の展開と様子が異なるように感じられるのではないだろうか。このような地域的展開がどのような形で可能となったのか、二つの県営住宅の事例を通して考察してみたい。

四　県営X住宅

そもそも西尾市において、最初から外国人に対する寛容度が高い地域文化があったわけではない。「『いかんなあ』という感じだった。やはり、外国人で、ブラジル人だからというのではなく、集団でドーンといるというのが、ちょっと大変だな、と。娘がおるもんで、娘も襲われるかもしれんなあって、正直言って」(二〇〇二年二月二九日、インタビュー)。これは、ある業務請負業者が社員寮建設計画を提示した際の「日本人」の役員の声である。一九九九年にこの計画が打ち出された際には、町内会レベルでは強い反対意見が出されていたという。それは、治安上の不安、違法駐車の懸念、町内会活動に支障をきたすといった様々なものであったが、業務請負業者の担当職員が一括して町内会費を徴収することを条件として事前に町内会が契約書を交わした結果、建設が認められた。これをきっかけにブラジル人を中心とした外国籍住民が増加する。さらに県営X住宅においては、西尾市や西尾市周辺市町村でのトヨタ系列企業の雇用増加に伴い、外国人世帯が急増していく。

こうした状況の中で、県営X住宅では、外国籍住民の増加に対して排除という対応ではなく、「住民」として厳格なルールを守ることを条件に受け入れを行ってきた。これは、当時の県営X住宅自治会長で、現在はG会の活動をリードするA氏による献身的な取り組みが大きな方向付けを与えたと言っていい。九州出身のA氏は「外国人も自分たちも同じデカセギかもしれん」と語りつつ、「外国人としてではなく、同じ住民として」という理念から、まずは最も大きな課題となっていた言語的コミュニケーションの問題を解消するために、住宅入居ルール、ゴミ出しのルールに関してポルトガル語通訳・翻訳を実施する。つづいて、地域参加のしくみとして県営X住宅の自治会役員の構成についても、副会長・総務、駐車場係、保健・衛生係、各棟班長、翻訳・通訳係を必ず一名以上の外国籍住民が担う体制づくりを整えていった。このようにして外国籍住民も地域の一員となる仕組みが作られたのである。

さらにこうした取り組みは地域の行事でも貫徹された。S町内で毎年九月に行われる祭りにおいて、二〇〇〇年度から外国籍住民の参加が図られる。二〇〇〇年度には、ブラジル料理の屋台がブラジル人住民によって出店され、二〇〇一年度からは、ブラジルの伝統的な踊りが実施されることになった。御輿や獅子舞にも外国籍住民が参加するようになっている。

このように、外国籍住民を排除するのではなく積極的に受け入れたのが特色と言えよう。もちろん、「共同生活ができない人は、入ってもらわないようにしている」という厳しい対応ではあった。しかし、単に地域への同化を促したのではなく、既存の地域のルールで不透明だったことを改善し、外国籍住民を「住民」として位置づけることが明確になるよう、地域の制度的枠組みを再編した点にも注意が必要である。その具体例を、町内会の下部組織として設置された「外国人交流支援の会」に見ることができる。この会はS町町内会の各部から一名ずつ役員を選出し、外国人支援の地域的取り組みをねらいとした組織である。通常の町内会役員の任期は一年であるが、この会の役員のみ任期を三年として継続的な取り組みが計画されていることからも、町内会組織におけるこの会の重要度をうかがい知ることができよう。そして、こうした町内会の取り組みは、ブラジル人を中心とした外国籍住民の増加に対応する継続性を伴った支援体制の確立という点で評価できるものだろう。二〇〇七年度には県営X住宅自治会長にペルー人住民が就任し、地元の公民館では、若い世代のブラジル人住民によるカポエイラ(ブラジルの格闘技)の会、ペルー人住民のグループによるスペイン語学習会などが行われ、外国籍住民主導のコミュニティ活動にもつながったのである。

五　県営Y住宅

県営Y住宅(二〇〇七年一二月現在で、入居戸数一七八戸のうち外国籍住民の入居が五九戸、三三%)は、先に見た県営X住宅とはやや趣が異なっている。それは何よりも住宅に暮らすブラジル人住民を主体に代表的なブラジルの行事であるフェスタ・ジュニーナ(六月祭り)が、団地の行事として実施されていることだろう(写真参照)。

もちろん、最初からこのような取り組みが可能となったわけではない。九〇年代には、外国籍住民が急激な増加を見せる中で、ゴミ投棄のルール違反、違法駐車、騒音、自治会費等の徴収困難などのトラブルが発生し、外国籍住民と「日本人」住民間の摩擦も見られた。しかし、九〇年代後半から、集金などの住宅内の雑務を行う班長職に外国籍住民が就く仕組みが作られ、住宅内清掃などの自治会の行事に外国籍住民が積極的に参加する制度が整えられていく。特に、一九九八年度から県営Y住宅の「日本人」居住者と外国籍住民の橋渡し役として、時に両者のはざまで微妙な立場に苦しみつつも、相談役、副会長として携わったブラジル人B氏の活動と、氏を中心とした活動に協力した外国籍住民の積極的な参加が大きな役割を果たしていた。

ここで確認しておきたいのは、県営Y住宅の取り組みは、何も「日本人」住民の側のルールに外国籍住民が適応した結果ではないということだ。外国籍住民による主体的な地域活動がトラブルや摩擦の解消、住宅環境の改善に結びついた点を強調しておかなくてはならない。これは、団地の自治会活動への外国籍住民の参加だけではなく、外国籍住民が主体となって取り組む地域活動が生起していることに示される。その展開の一部を紹介しておきたい。一九九九年から県営Y住宅集会所では、住宅に居住するブラジル人児童を対象としたポルトガル語教室が開かれていた。ポルトガル語を教えていたのは、一九九五年から住宅に暮らす、ブラジルでの小学校教員歴があるブラジル人女性C氏である。このポルトガル語教室は、県営Y住宅集会所にて行われていたが、そこでの光熱費、および児童の教材費は、教室に通う児童の親が運営グループを作ることによってサポートしていた。C氏がブラジルの歴史、文化について教えていく中で、子どもたちの方からブラジルの踊りや行事について知りたいという希望が生まれ、代表的なブラジルの行事であるフェスタ・ジュニーナを実施するようになった。C氏は、ポルトガル語教室の中で、踊りの練習をとり入れ、また、踊りに使う衣装はすべてC氏が作成した。フェスタ・ジュニーナでの踊りには、ポルトガル語教室に通う児童だけではなく、住宅内に居住しているブラジル人学校に通う児童も参加していた。こうしたC氏の活動を資金面で支えているのが、住宅に暮らすブラジル人の親たちのグループであり、祭りにおいて、シュハスコ（肉の串

県営Ｙ住宅フェスタ・ジュニーナ（筆者撮影）

焼き）などを売ることで、住宅内のポルトガル語教室運営の資金としていた（現在はC氏の帰国により休止中）。このように、県営Y住宅は、外国籍住民主導のコミュニティ形成が見られた地域という特色を持っている。

六　これは「多文化共生」か？

両住宅に共通しているのは、外国籍住民が、住宅の自治会役員になるシステムが実現している点だ。他の集住地域における研究では、自治会活動からの外国籍住民の排除と、そこから生じる「日本人」住民と外国籍住民との間の摩擦が問題視されてきたが、両住宅が自治会役員に外国籍住民が就くシステムを採用していることによって、このようなトラブル、摩擦が解消されてきたのである。両住宅とも役員や、地域活動に外国籍住民が参加していることは、筆者らが二〇〇一年から継続的に実施している外国籍住民を対象とした意識調査においても確認されている（山本・松宮、二〇〇六）。

表：日系ブラジル人・ペルー人居住への抵抗感

	西尾市民	県営Y住宅
全く抵抗なし	30 (8.4)	21 (15.8)
あまり抵抗なし	86 (24.0)	25 (18.8)
どちらともいえない	17 (4.8)	10 (7.5)
少し抵抗あり	153 (42.7)	44 (33.1)
抵抗あり	66 (18.4)	20 (15.0)
無回答	6 (1.7)	13 (9.8)
計	358 (100.0)	133 (100.0)

注：カッコ内は%

もっとも、この点とともに、これはあくまでも地域での仕組みであり、住民の意識レベルが変化したわけではないことも確認しておきたい。筆者らが実施した西尾市「日本人」住民意識調査（西尾市選挙人名簿から対象者八〇〇人を系統抽出し二〇〇五年一月に実施した郵送調査、回収率四五％）、県営Y住宅「日本人」住民意識調査（二〇〇五年八月に実施した留置回収による一八歳以上の「日本人」住民全数調査、有効回収票一三三）をもとに、近隣に日系ブラジル人、ペルー人が居住することに対する意識構造を見ておこう（表参照）。

西尾市調査では「少し抵抗あり」、「抵抗あり」が合わせて約六割、県営Y住宅調査でも半数以上を占めている。このような否定的な意識構造を見ると、西尾市の県営住宅の取り組みに対して、いわゆる「多文化共生」としてとらえることに躊躇してしまうのではないだろうか。しかし、排他的な住民の意識構造自体を強調したいわけではない。ここで考えたいのは、こうした固定的な意識構造にもかかわらず、一般的に「保守的」とイメージされる自治会・町内会組織を基盤に、ニューカマー外国籍住民の受け入れと支援活動の推進が実現したという点である。この、一見すると「日本人」住民意識構造とはつながりが見いだしにくい取り組みが生まれたのはどのような経緯によるものだろうか。外国人に対するネガティブな意識が存在するにもかかわらず、どのようにして外国籍住民を同じ「住民」として位置づけることが可能となったのだろうか。この点を理解する手がかりを、G会での実践から考えてみたい。

七　G会での実践

G会は二〇〇一年七月に、それまで県営X住宅自治会を中心に実施されていた外国籍住民支援の取り組みを地域全域へと広げることを目的に設立されたボランティア団体である。会長は元県営X住宅自治会長A氏が担っており、副会長は県営Y住宅に居住するB氏、その他の役員はS町町内会役員、学校関係者、市会議員、市民団体役員、筆者を含む研究者となっている（松宮、二〇〇七）。

さて、先に見た意識調査に示されている、外国籍住民に対する否定的な声が高まってきた際に、G会のメンバーは「日本人」住民に対してどのような対応を行ったのだろうか。筆者がG会に参加させていただいている場で耳にした限りでは、G会のメンバー全員というわけではないが、次のような説得技法が共有されていたと思われる。まず、住民の間に広まる危惧に対しては、外国人も町内会の一員であるということから、その危惧自体を相対化するというレトリックを構築しているように思われた。すなわち、外国籍住民を自治会、町内会の一員として受け入れ、会費納入を前提として、「町内会費を払うからには地域の一員である」というレトリックによって対抗したのである。外国籍住民を町内会の構成メンバーとしてカテゴリー化し、出自、文化は異なるが、「地域の一員」、「地域の構成員」であり、危惧や排斥の対象にすべきではないというレトリックによって当面の批判をそらし、外国人を「住民」として受け入れようという意図を読みとることができるだろう。

もちろんこれは、実際に何らかの問題が発生した場合の対応ではなく、「日本人」住民の間で想定された外国籍住民増加に対する危惧と、そこから生まれる排斥の動きに対抗するものである。しかし、実際に何らかのトラブルが生じた場合はどのような形で説得を行ったのだろうか。集住するS町では、住民間の深刻な対立を生み出すような大きなトラブルは発生しなかったものの、ゴミ捨てなどをめぐり、「日本人には伝えたらわかる」、「日本人だけの団地では、ゴミの不法投棄は起こらない」、「ブラジル人には理解してもらえない」といった批判が一部で見られたこともあった。こうした声に対しては、「問題を起こす外国人」＝「よその外国人」というレトリックが形成された。すなわち、当該地域に居住する外国人は問題ないが、よそから来る外国人が問題を起こしている、したがってここに居住する外国籍住民は問題がないとするレトリックである。その具体例を見ておこう。S町内における住民とM社（町内に社員寮をおく業務請負業者）のブラジル人住民とのトラブルがあった際、「結局、M社の人ではなくて、その友達がやっていた」、そして「あそこにおる人はいいけど、よそからこっちに来た人が、新聞沙汰になるような事故をおこす」というように批判をかわしたという。これは、外国人一般ではなく、「地域で暮らす外国人」には全く問題がないというレトリックである。これは、「地域問題の原因」として外国籍住民に責任が及ぶことを回避するために、「ここに住んでいないよその外国人」というサブカテゴリーを設定し、そこに問題やトラブルの要因を帰する説得技法と言えよう。こうした説得のレトリック構築によって、外国人一般に対する批判をかわし、当該地域社会に居住する「いい外国人」、「安全な外国人」として印象づけようとする実践と考えられるのではないだろうか。

このようにして住民側の不安や、批判を少しずつかわしながら、外国籍住民とともに地域づくりを進めていくわけだが、こうした活動が進展していくに際して抵抗があった場合には、意図的に争点をずらすレトリックの構築が試みられていた。ここで持ち出されるのが「防災」と「子ども」である。「防災」を強調するレトリックは、「地震が起きたら、日本人だろうと外国人だろうと同じ問題が生じるから、地域の中で、仲良くしていくことが欠かせない」とさらなるコミュニティの強化の語りとして表明されるものである。一方、「子どものため」、「子ども同士は仲良くできる」というように、「子ども」を強調するレトリックも用いられていた。どちらのレトリックもあえて「外国人」というカテゴリー化を避け、外国人とともにコミュニティを強化していくことが必要であるというものだ。外国籍住民を「地域の成員」として認めていくこと、そして地域の成員であることを強調することによって、「外国人」に結びつけられる問題性を中和させる新たなカテゴリー提示の戦略と考えられよう。

これまで見てきたように、住民側の危惧や懸念に対して、G会のメンバーは、その都度、一つ一つの乗り越えるべき問題について、批判をかわし、外国籍住民受け入れの正当性を説明し、外国籍住民と共同で地域づくりを行うための説得を重ねていったと考えられる。このプロセスの中で、これまで「常識」のように考えられてきた、外国籍住民対「日本人」住民という対立図式の自明性が突き崩され、その結果としてゆるやかに「地域住民」というカテゴリーを外国籍住民に対しても拡張させたのである。このような外国人労働者を「地域住民」として位置づける実践の成果として、自治会、町内会での外国籍住民支援活動の進展や、外国籍住民の地域参加、そして、それを行政の支援に結びつけることが可能となったのだ。

八　外国人労働者の生活圏における地域的実践の可能性

これまで見てきた西尾市での地域的展開は、「日本人」住民の意識が否定的な状況の中で、外国人労働者と出会い、共に暮らす住民が既存の地域のしくみを柔軟に再編させたプロセスである。これは「保守的」とイメージされる東海地域の地域性という「常識」的な理解を超えた、地域レベルでの「多文化共生」のあり方と言えるかもしれない。そして、西尾市での参加的観察の中では、「外国人」と「日本人」の対立という図式を設定し、それに沿った偏見の解消と「多文化共生」の可能性という上滑りした理念しか持ち得なかった筆者に対して、「むつかしい理屈じゃなくて地域でどう生活できるかなんだ」、「もっと地域のことをわかってもらわないと」と、繰り返し認識の転換を促され続けてきたことだった。

もっとも、ここで見てきた地域での外国籍住民受け入れのロジックは、一方でいくつか問題を孕んでいたのかもしれない。外国籍住民に対して強いコミュニティ規範を要求し、外国籍住民の生活上のニーズよりも「日本人」住民側の地域志向を重視してしまうことにつながったのではないか。また、「同じ町内会のメンバーである以上、外国人も支援をすべきだ」というレトリックは、反転させれば、「町内会のメンバー以外の外国人」の排除に対して正当性を与えてしまうこともありうるだろう。確かに、地域に対する単純な評価が隠蔽してしまう問題もあるだろう。外国籍住民にとっての「コミュニティ」は、かならずしも町内会・自治会をベースにした「地域社会」とは異なっているように、既存の地域への同化や、外国籍住民による多様なコミュニティ創出を抑圧するものとなってはならないはずだ。ここで述べておきたいことは、地域を礼賛し、安易に対抗の図式を持ち込むことではなく、実際にどのような実践が地域で生み出されているのかを地道に理解することの持つ可能性である。その意味で、西尾市の実践から学ぶべきは、外国籍住民を「地域住民」として位置づけることが重要な役割を果たしている点だろう。ともすれば様々な地域問題が「外国人問題」として、外国人の「文化」という原因に帰せられる状況であるが、外国籍住民が増加することの背景にある産業構造・労働市場による問題として理解することと、地域的な取り組みに目を向けることから、この認識の妥当性を問い直してきたわけだ。やや大げさに言うならば、トヨティズムを生きる外国人労働者の生活圏における地域的実践の一つの可能性として、西尾市の事例に見られるような、「地域住民」というカテゴリー設定を通して問題を回避することによる地域再編のパターンがあると考えている。「保守的」とされた地域において、「地域住民」というカテゴリー化によって、トヨティズムの産業構造上の問題に対して地域レベルから対抗軸を作り出した、その可能性である。

もちろん、こうした地域的取り組みは、直接的には外国籍住民をめぐる構造的な問題を解決するものではないかもしれない。ブラジル人を中心としたニューカマー外国籍住民にとって、トヨティズムに規定されたその労働面での構造的制約や、生活面での様々な制約がある中で、楽観的・予定調和的な道筋を語ることは許されないだろう。しかし、地域レベルでの実践が、そのしくみを少しずつ変容させていくことで、構造的問題に対する働きかけや、自治体の施策に取り入れられつつあることは確かだ。こうした地域の側からの取り組みを考えることを通じて、構造的問題に風穴をあける実践としてとらえることの可能性を追求することは、認識レベルでも、実践レベルにおいても十分意味を持つはずだ。

参考文献

丹野清人、二〇〇七、『越境する雇用システムと外国人労働者』東京大学出版会
都丸泰助・窪田暁子・遠藤宏一編、一九八七、『トヨタと地域社会』大月書店
新原道信、二〇〇六、「現在を生きる知識人と未発の社会運動」新原道信ほか編『地球情報社会と社会運動』ハーベスト社
松宮朝、二〇〇七、「外国人集住都市における日本人住民の意識」『社会福祉研究』八:三七―四六
森千香子、二〇〇七、「郊外団地と『不可能なコミュニティ』」『現代思想』三五(七):一七四―一八二
山本かほり・松宮朝、二〇〇六、「地方都市におけるブラジル人住民の増加と地域再編過程」『多文化共生研究年報』三:三―二七

地域日本語教育は誰のためか
——排除される日系労働者

米勢治子

はじめに

一九八〇年代に増え始めた新来外国人は九〇年代に入って急増し、愛知県にも日系ブラジル人をはじめとする多くの外国人が暮らすようになった。かれらを受け入れた自治体や国際交流協会の多くはボランティアによる日本語教室を開催しているが、日系労働者の参加率はおしなべて低い。かれらの労働構造が変わらない限り、日本語習得は難しい現実が透けて見える。かれらの日本語習得を妨げているのはトヨティズム的な生産—労働構造なのである。

本稿では、地域日本語教育から取り残されている日系労働者の現状とその構造を明らかにし、ボランティアに依存する地域日本語教室の限界点を指摘する。最後に筆者のかかわる外国人集住団地のＮＰＯ活動を事例とし、多文化共生社会を構築するための地域日本語教育のあるべき方向性について考える。

一　外国人住民とはどのような人たちか

（一）多文化共生社会を構築する「外国人」とは誰か

一般に「外国人」について議論するとき、外国人登録者数を引き合いに出す（本稿の外国人登録者数データは二〇〇六年末法務省入国管理局による）。たしかに在住外国人の実態を知る手がかりとしては、外国人登録者数の国籍別や在留資格別の数に着目するほかない。その数は毎年増加の一途をたどり、すでに二〇〇万を突破しているのだが、約一七万を数える非正規滞在者の多くは外国人登録をしていない。また、外国人登録を必要としない三ヶ月以内の短期滞在者もかなりの数に登り、二〇〇六年に新規に入国した者は年間六四〇万七八三三人である。二〇〇六年末の時点での外国人登録者数との数値比較は難しいが、参照すべき数である。さらに、帰化することで日本国籍を取得した者、日本人ではあるが外国育ちの者も言語的マイノリティーに属すであろう。一方で、外国人登録者の中には「日本人」とほとんど差異を認められない日本語を母語とするオールドカマーと呼ばれる人々も含まれる。かれらは終戦後日本国籍を剥奪された朝鮮半島や台湾出身の人たちをルーツとし、特別永住者の在留資格で在住している。その数は四四万三〇四四人である。

多文化共生社会を構築するためのさまざまな施策のうち、日本語支援の対象となる「外国人」とは誰を指すのであろうか。ともに社会を変えていく「外国人」とは誰なのであろうか。まずは定住する人々が対象になろう。すなわち、日本人と結婚した主にアジア出身の女性たち、中国帰国者やインドシナ難民とその呼び寄せ家族、そして、日系労働者はその大きな部分を占める人たちである。さらに、非正規に滞在し続ける人々もここに加わることになろう。

日本政府は、本音はともかく建前としては、日系人を労働者として受け入れたわけではない。日本人の血を引く日系二世を「日本人の配偶者等」、日系三世を「定住者」の在留資格で受け入れたのだが、受け入れ後の施策を全く講じてこなかった。この点に関してインドシナ難民や中国帰国者とは大きく異なっている。企業はかれらを雇用の調整弁となる一時的な労働者として受け入れ、それによってコスト削減を図っている。日本人市民はかれらが定住傾向にあるにもかかわらず「出稼ぎ」と呼び、一時的な滞在者と思い込もうとしている。かれら自身もまた自らを「出稼ぎ」と位置づけ、何年たとうと帰国を前提に仕事をしている。なかには日本の生活に馴染み、また子どもの教育のため、将来設計を日本への定住に求める者たちもいるが、しかし、就労の不安定さは日本人の比ではなく、ある日突然解雇され、帰国を余儀なくされる場合もある。

日系労働者は将来の日本社会を築く主要な構成員であるにもかかわらず、そのような認識の外に置かれてきた。

(二) 愛知県の外国籍住民の特徴

外国人登録者数の数は毎年増加の一途をたどっているが、愛知県では一九九〇年以降急激に増加している。その数を押し上げているのがブラジル人である（図1参照）。なぜ、これほど多くのブラジル人が来日するようになったのであろうか。

明治以降日本から海外への移民が国策として奨励された。何十年も経て八〇年代の日本経済の繁栄に伴って彼等の子孫が来日するようになった。一九九〇年の出入国管理及び難民認定法（入管法）改定で日系二世、三世であれば入国して国内で制限なく活動できるようになり、労働者を求める地域で急増した。その背景として、ブラジル本国のハイパーインフレ、失業率の増加なども原因と言われる。夫婦いずれかが日系であれば在留できることから、非日系も含めて日系と呼ぶ。

二〇〇六年末の全国の外国人登録者数は二八万四九一九人で、前年と比べ三・六％増加している。都道府県別の登録者数は、東京都（三六万四七一二人）、大阪府（二一万二五二八人）、愛知県（二〇万八五一四人）の順である。前年比増加率はそれぞれ四・七％、〇・五％、七・一％で、愛知県の増加率が際立っている。

総人口に占める外国人登録者数の割合を見ると、全国では一・六三％で、東京都（二・八五％）、愛知県（二・八五％）、三重県（二・六三％）、岐阜県（二・五九％）、静岡県（二・五八％）の順になっている。東京都を除けば、東海地域が最大の外国人集住地域だということになる。

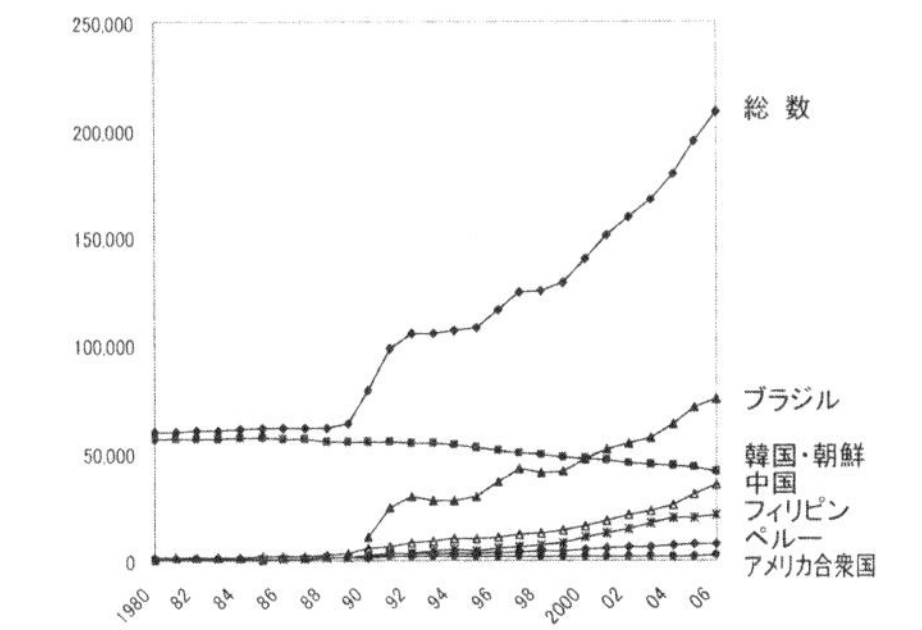

図１　愛知県の国籍別外国人登録者数の推移（法務省2006）

ブラジル国籍者数は全国では三〇万二〇八〇人で、その内、愛知県が七万五三二六人、静岡県が五万一一一八人、三重県が二万八〇一人、岐阜県が二万一三五人となっており、東海四県の合計一六万七三七〇人は全国のブラジル国籍者数の五五％を占めている。また、外国人登録者数に占めるブラジル国籍者の割合を見ると、全国では一五・〇％であるが、愛知県では三六・四％、静岡県で五二・二％、三重県では四二・二％、岐阜県では三六・八％となっている。外国人、とりわけブラジル人は東海地域にやってくるのだ。この地域は日系労働者との多文化社会最前線と言えよう。

二　国内の日本語教育の状況

（一）対象となる学習者の量

国内の日本語教育の対象者を日本に滞在する「日本語を第一言語としない人」と考えると、実に広範囲の人々が対象になる（図2参照）。外国人登録者数約二〇八万人のうち特別永住者四四万人はほぼ日本語教育の対象者から除外してもいいであろう。かれら以外にも日本語を第一言語とする人やほとんど不自由しない人は除外することになる。

では、日本語教育の対象となる人々のうち、一定の日本語教育を受けているのはどのような人々であろうか。まず、国が定住に必要な教育を保障している人たちとして、中国帰国者とインドシナ難民があげられる。なお、帰国者の国籍は日本であるが、かれらに提供された日本語教育ですら十分では

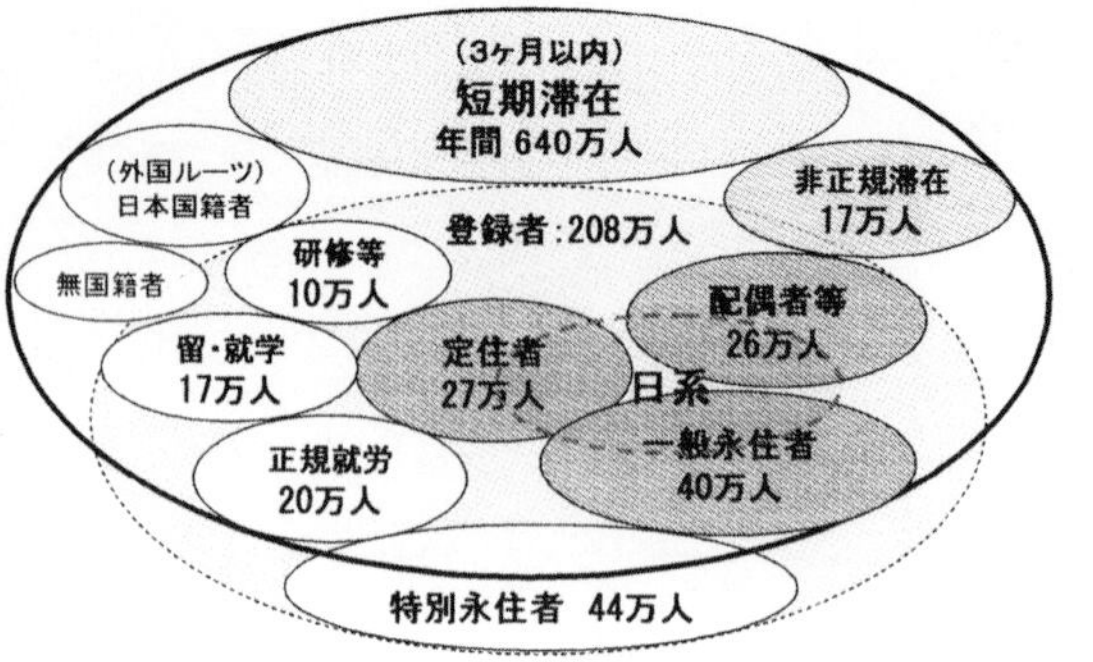

図２　国内の日本語教育対象者

なかったことや、呼び寄せ家族に対しては実施されていないなどの課題がある。次に、日本語を学ぶことが前提である留学生・就学生約一七万人は高度な日本語の習得をめざした教育を受けている。そして、技術研修生・技能実習生約一〇万人は職場で必要な最低限の日本語の初期教育を受けることになっている。研修生等の待遇については多くの問題が挙げられていることから、日本語教育においても不十分な場合があろう。また、正規就労者である約二〇万人には受け入れ機関が必要に応じて日本語教育を提供している者たちもいる。企業は高度人材に対するコストは支払うのである。

そして、自ら対価を支払う以外には日本語教育を受ける機会のない人々の中に外国人労働者や外国人配偶者がいる。定住者二六万八八三六人、日本人の配偶者等二六万九五五人がそれであり、永住権を取得した一般永住者三九万四四七七人の多くも該当者であろう。日系人と呼ばれる人々はこれら三つの在留資格グループに属す。非正規に滞在する約一七万人も当然日本語教育の機会は保障されていない。これら移民と呼ぶべき人々への日本語教育こそが多文化共生のために必要なのである。

このような状況を受けて生まれたのがボランティアによる地域日本語教室であるが、そこには日本に滞在する多様な「外国人」が参加しているが、外国人労働者に対してはそれほど機能していないのが現実である。

(二) 学習者数・教師数

文化庁の「国内の日本語教育の概要」(二〇〇五) によれば学習者数 (短期滞在などの非登録者を含む) は一三万五五一四人であり、その内ボランティアによる地域日本語教室における学習者数は五万人前後と推測できる。これらの数字は、先に述べた「対象となる学習者」や「移民と呼ぶべき人々」に比べ、あまりにも少なく、多くの潜在的な学習者が放置されていることがわかる。

一方、教師数は約三万人で、うちボランティア一万五千人と五〇%を占めている。仕事として日本語教育に従事する者と週一回二時間程度しかかかわらない者を同列に比べるには問題があろうが、ボランティアの割合の多さは地域日本語教育がボランティアに丸投げされていることを示し、それゆえ、その専門性が確立しない大きな要因ともなっている。

三　地域日本語教育の現状

(一)「地域日本語教育」とは

外国人の増加に対応してボランティアによる地域日本語教室が誕生したのは事実である。その要因として日本語教育の発展、日本語教師養成講座の展開が挙げられる。そして、ボランティアによる日本語教室の広がりとともに自治体等による日本語ボランティア養成講座もあちこちで開催されるようになった。

文化庁（二〇〇四）によると、「地域日本語教育」とは自治体の職員と住民が協力して作り上げる活動であること、ネットワークの構築・リソースセンターの設置・コーディネーターの必要性と役割がうたわれ、地域の状況や学習需要に応じた支援方法が必要だと述べられている。しかしながら、ここには学習保障とか学習権といった考え方は見られない。ここから読み取れる「地域日本語教育」はボランティアによる「地域日本語教室」の活動そのものであり、ひたすらボランティアのがんばりに期待し、そのためのボランティア養成・研修講座などが公的機関によって提供されるという図式ができあがっている。地域日本語教育は「移民と呼ぶべき人々」を対象に多文化共生社会の構築にとって最も重要な役割を担うにもかかわらず、ボランティアによる地域日本語教室に丸投げされている。しかし、本来の「地域日本語教育」とは、実際に行われているボランティアによる地域日本語教室での活動を含んではいるが、生活者としての外国人への日本語教育の総体を指すものであり、すべてをボランティアに担わせて済むものではない。

(二)　地域日本語教室の多様な学習者

中国帰国者やインドシナ難民の中には一定期間の日本語教育を受けたあとそれぞれの居住地に住み、地域日本語教室に参加する者がいる。留学生や就学生の中にも地域日本語教室にやってくる者たちがいるし、教育機関がボランティアを活用する場合もある。滞在期間が限られている研修生・技能実習生は日本語能力試験対策の学習機会を求めてやってくるし、夫に伴って来日した主婦や日本人の配偶者たちは熱心な学習者であることが多い。日系労働者の中にも対価を払って教育機関で学習する者がいないわけではないが、地域日本語教室にすら参加していない者が多いのも現実である。また、外国人登録を必要としない三ヶ月以内の短期滞在者もやってくる。

このように地域日本語教室には多様な学習者がやってくる。学習者を限定しているところはほとんどないので、正規の日本語教育を受けている者もさらなる学習の場を求めてやってくるし、自由な時間がある者は日本語教室のハシゴをすることもできる。経済的に安定している人々にとっても安価な日本語教室は大きな魅力である。二の（一）で述べたあらゆる層の人々が学習者となる可能性があるのだ。

（三）地域日本語教室の特徴

多様な学習者を受け入れている地域日本語教室ではあるが、教室の特徴によって学習者に違いが出てくる。活動場所の視点からみると、より広域の学習者を対象にしている教室ほど人数を集めることができ、また、学習意欲の高い者たちが継続して学ぶ割合が高くなる。つまり、大都市の交通の利便性のよい場所にある「都市駅前型」を頂点に、市町村の中心地にある「地方駅前型」、外国人が集住している地域にある「地域密着型」の順に繁盛すると言うことができる。そして、都市駅前型であるほど学習者の層も多岐に渡り、学習意欲が高い人々の割合も高くなる傾向にある。

活動時間の視点からみると、平日昼間・夜間・週末の三つに分けられる。平日の昼間に開催している教室は主婦を中心に定年後の年配者などがボランティアとして、毎回活動参加を原則として行われていることが多い。ボランティア同様、学習者も継続的な参加が可能な環境にある者が多い。夜間開催の教室では学生や勤労者が中心に参加し、運営されている。週末に開催するのは残業や交代勤務など不規則な就労形態に対応した結果であるが、ボランティア、学習者とも毎回参加することは難しい。任意団体による都市駅前型の日本語教室のほとんどは平日の昼間に開催されており、ボランティア、学習者双方の参加度が高い理想的な状態で運営されているが、潜在的な学習者の開催日時に対するニーズとは隔たりがあると言わざるを得ない。

（四）排除される学習者・ボランティア

ほとんどの教室が「交流」を活動目的にうたいながらも、初級レベルではテキスト使用の積み上げ学習を行っている。使用されているテキストは週二〇〜二五時間の集中学習を前提にしており、それゆえ、週一回九〇分程度の学習時間では、教室以外には学習時間が取れない者や日常的に日本語使用を伴わない者、継続的な学習が困難な者にとって日本語習得は進まない。その結果、学習者間に「真面目で優秀な学習者」対「休みがちでやる気のない学習者」という図式が生まれることになる。一方で初期教育の困難さから、ボランティア間には「教えることのできるボランティア」対「普通のボランティア」という図式が生まれる。ここから、教室への参加を断念する、言い換えれば、排除される学習者やボランティアが生み出されるのである。しかしながら、多文化共生を目指すのであれば、地域住民である学習者もボランティアも一人でも多く参加し、交流することによって相互理解が進むことが大切なのである。

地域日本語教育の目的・内容・方法が十分議論されないまま、地域日本語教室が開催されてきたのだが、自治体や国際交流協会が主催している場合でも活動内容・方法はボランティアに任されており、活動目的を議論したり、その検証を行っているようには見えない。このような状況ではボランティアの養成講座へのニーズは「教え方」に集中する。講座を企画する担当者や講師が多文化共生の視点をもって活動現場の状況を把握していない場合、大学や日本語学校などで行っている留学生教育と同様なものが提供されることになる。ボランティア養成・研修には多文化共生の視点がまだ十分に反映されているとは言えない。

四　外国人集住地域の状況

（一）日本人住民の意識

日本に住む外国人住民には「制度の壁」「ことばの壁」「心の壁」の三つがあると言われる。外国人住民の抱える問題は多文化共生を構築するための日本社会の課題でもある。二〇〇二年に実施した愛知県の県民意識調査によると、外国人住民が日本人に望むこととして「あいさつなど親しく声をかけてほしい」三四％、「日本の習慣・言葉を教えてほしい」二三％、「文化交流などの場を設けてほしい」二三％となっている。一方、日本人住民が外国人住民に望むことのほうは、「地域のルールを守ってほしい」六五％、「日本の生活習慣、文化を理解してほしい」五九％、「ドラブルを起こさないでほしい」四五％である。このずれは外国人集住地域ではさらに増幅されるであろう。まず、この日本人住民の意識を変える必要がある。

オルポート（一九六一）は、偏見は共通の目標を追求する多数派集団と少数派集団との対等な地位での接触によって減少すると述べている。これら社会心理学の立場からの研究では、対等な立場、共通の目標、共に活動すること、接触時間の保障などが問題解決の条件とされ、また、一時的な接触はより偏見を生むと言われている。そして、活動方法に関して、これまでの物を与える「治療モデル・援助モデル」から、当事者が参加して共に変える「予防モデル・支援モデル」「発達モデル」への移行が推奨されている。

このことは、仮に公的な保障の元に日本語教育が充実し、「ことばの壁」が軽減されたとしても、住民間のネガティブな関係は解消されないことを意味し、住民間の相互理解を目的とした地域日本語教室の存在の重要さを示唆している。地域日本語教室に集う人々が、対等な立場であるためには、そこに「教える―教えられる」という援助者―被援助者の上下関係を持ち込むべきではない。対等な関係性の元に相互理解を深め、地域住民としての課題発見とその解決に向けて、共に活動することが必要なのである。また、その活動が一過性のものではなく、継続的なものであることが大切となる。つまり、イベント交流などより、継続的な日本語教室や自治会活動などが有効なのである。このような活動が深まれば、「心の壁」も埋まり、さらには「制度の壁」への問題意識も生まれ、その解消へと向かうことになろう。

(二) ブラジル人住民の状況

外国人住民の日本語習得はかれらの生活環境と学習意欲によって左右される。すなわち、就労現場や居住環境に日本人との接触がどの程度あるか、学習時間の確保はできるのか、毎週定時に教室へ通うことは可能かといったことがかれらの日本語習得につながる。また、職場や地域における日本語の必要度、かれらの日本語学習に援助的態度で接する人たちの存在が学習意欲につながる。さらに、滞在予定期間が不確かである場合や、滞在期間がある程度過ぎても日本語能力がついていないと、学習意欲につながらない。

外国人集住地域のブラジル人住民はこのような日本語習得の条件をほとんど満たしていない。日系労働者の多くは地域日本語教室に参加しておらず、何年滞在しても挨拶程度の日本語もできない者もいる。かれらの多くは集住して暮らしているのだが、家族・親戚・友人とのきずなが強く、訪問者による多人数の同居もまれではない。家庭ではポルトガル語を話し、衛星放送や新聞、インターネットによる情報収集や娯楽も母語で可能である。ブラジルレストランや食材・雑貨店もあり、日本人とことばを交わすことはない。

かれらは少子高齢社会の日本経済を支える外国人労働者として、三K(きつい・きたない・きけん)現場の労働者不足を補っているが、派遣・請負会社に雇用されており、労働力供給の調整弁として使い捨てられる存在である。日本人従業員とは隔離された生産工場ラインでは物言わぬ機械を前に黙々と働き、車による通勤送迎システムの下では帰宅時間も管理される対象となる。職場に向かう車中でその日の残業が言い渡されるのでは、子どもに帰宅時間を告げて家を出ることもできない。

(三) 日本語習得を阻むもの

このような就労・居住環境では何年滞在しても日本語習得

は進まない。日本語学習の必要性を感じることもないし、また、学習したいと思っても学習できる環境にはない。むろん、自然習得環境には程遠い。日系労働者の日本語習得が進まないのは労働・生活環境による構造的問題である。日本語を使う必要のない場所では勉強する必要も意欲も感じないし、時間を管理される就労形態では継続的に学習できないのである。このような構造的問題を抱えている状態で日系労働者の日本語習得に「自己責任」を求めるのは酷である。それをボランティアによる地域日本語教室に担わせようとしても、ほとんど期待できない。筆者が活動する日本語教室の学習者は団地に住む外国人住民の一％にも満たないのが現実である。このような人たちの日本語習得のために何ができるのであろうか。

まず、就労現場における日本語習得環境の整備が必要である。なによりも日本人従業員との接触機会を増やすことである。接触機会が増えることで学習意欲も生まれるであろう。もう一つは、就労現場における日本語学習環境の整備である。継続的に学習時間が確保できる就労体制をつくることである。日系労働者が日本語を学ぶためには、職場での日本語教室開催が最も効率的であり、報奨制度などがあればより効果的である。最低限の日本語能力を身につけ、学習時間が保障されれば、居住地域の日本語教室に通うこともできるであろう。日本人との接触機会と学習時間が確保され、学習が奨励されれば、日本語習得は進むはずである。

五　多文化共生社会を目指す地域日本語教育の課題

以上、地域日本語教室に参加していない、または、参加できない潜在的学習者としての日系労働者が存在すること、教育型の活動内容・方法が学習者やボランティアを排除する構造をもつこと、ボランティア養成にもこのような認識が十分ではないことをあげてきた。また、日系労働者の就労と居住状況を述べ、そこでは日本語習得の可能性がほとんどないこと、かれらの就労状況は日本語学習機会を大きく阻むものであることをあげ、その対応策として企業の役割を述べた。

地域における日系労働者との共生が大きな課題となった今こそ、かれらの日本語習得のための日本語学習機会の公的保障を真剣に考えるべきである。そのためには、まず、行政しかるべき立場にある者や日本語教育の専門家自身が「地域日本語教育」とは何かを認識しなおす必要がある。そして、外国人受け入れ言語政策への提言などがなされなければならない。とりわけ、労働現場における学習環境の整備は急がれる。

一方で、多文化共生教育と相互理解を進める必要がある。現在行われているボランティアによる地域日本語教室における活動を相互学習に向けて喚起すること、そのためには、日本語ボランティア養成・研修方法を転換すること、さらには、地域日本語教室を拠点に日本人住民の意識転換を図る協働事業を促進する活動も必要とされる。

また、行政などがさまざまな情報を多言語で伝えたり、窓口対応するようになってきているが、「やさしい日本語」による周知・対応も日本語習得を促す一つの方法である。漢字表記へのルビ振りなどはすぐにでも実施可能である。外国人住民の日本語習得がある程度まで進めば、就労現場や学校、地域においても「やさしい日本語」を使用することによってコミュニケーションが促進される。

労働力を必要としている地域への外国人労働者の流入がさまざまな問題を引き起こしているとされるが、当事者は誰なのか。かれらを受け入れた政府と産業界こそが問題解決の当事者であろう。もはやボランティア頼みの地域日本語教育では問題は解決できないことは明らかである。先に述べてきたさまざまな事柄を実現するには、施策としての位置づけが必要であり、行政、企業、地域のネットワークを構築するためのしかけが不可欠である。

参考文献

愛知県国際課、二〇〇二、『「多文化共生」推進に関する県民意識調査報告書』
オルポート（原谷達夫、野村昭共訳）、一九六一、『偏見の心理　上・下巻』培風館
文化庁国語課、二〇〇六、『平成一七年度国内の日本語教育の概要』
文化庁編、二〇〇四、『地域日本語学習支援の充実——共に育む地域社会の構築へ向けて』国立印刷局
法務省入国管理局、二〇〇七、『平成一八年末現在における外国人登録者統計について』
山田泉、二〇〇二、「地域社会と日本語教育」細川英雄編『ことばと文化を結ぶ日本語教育』凡人社、一一八—一三五頁
米勢治子、二〇〇二、「地域社会における日本語習得支援——愛知県における活動」『日本語学』二一号、明治書院、三六—四八頁
米勢治子、二〇〇六、「外国人の増加と多文化共生の課題～愛の反対は無関心～」『CSR最前線！～CSRにおける企業と市民とのコミュニケーションを読み解くコラム集～』CANPAN CSRプラス（WEB）
米勢治子、二〇〇七、「地域日本語教室の現状と相互学習の可能性——愛知県の活動をとおして見えてきたこと」『名古屋市立大学人間文化研究科人間文化研究』六号、一〇五—一一九頁

「日本の記憶」と「ブラジルの記憶」
――日系ブラジル人のアイデンティティ

イシカワ・エウニセ・アケミ

一　はじめに

　現在、日本におけるブラジル人は三十万人を超え、その大多数はブラジルの日本移民の子孫である。彼・彼女らの「移民の記憶」はどちらかと言えば、まだブラジルにおける日系人社会で築かれた「日本の記憶」である。それは、ブラジルで「立派な日本人」として自覚を持つことが重視されてきたからである。しかし、日系ブラジル人の来日が二十年を過ぎようとしている今日、日本生まれのブラジル人が増えてきており、今度は親たちが子どもに「ブラジルの記憶」を伝えていこうという傾向に代わってきている。本稿では、ブラジルにおける「日本の記憶」と日本における「ブラジルの記憶」の意味、またその違いについて考察をし、日系ブラジル人のアイデンティティの形成過程にどのように影響しているかに注目する。まずは、ブラジルへの日本移民の歴史的背景とブラジルにおける日系人社会の形成を紹介し、その中で「日本人」としてのアイデンティティの意味を考察する。次に、来日する日系ブラジル人が、日本において、今度は「日本人」から「ブラジル人」へと意識が変わる過程を考察する。

二　ブラジルにおける日本移民（一九〇八年～）

　ブラジルにおける日系人社会は、どのように形成されてきたのであろうか。そして、その形成過程で、日本人移民およびその子孫のアイデンティティは、どのような変遷を遂げてきたのであろうか。まずは、歴史的背景を簡単に紹介する。

　ブラジルへの移民は一九〇八年に始まり一九七〇年代初めまで続いた。日本政府の移民政策にもとづいて、第一期（一九〇八年から一九二三年）、第二期（一九二四年から一九四一年）、そして戦後の移民（一九五二年～）の三期に分けられる（鈴木、一九六四）。

第一期には日本での移民の送り出しに関して政府による直接的な管理がなく、多くの移住業者が自由に営業をしていた。この時期の移民の出身地は、主に沖縄、福岡、熊本、広島、鹿児島、そして福島である。これらの地方では、以前からアメリカ合衆国本土とハワイ諸島へ数多くの移民を出しており、一九〇八年の移民に関する日米紳士協定により、移民の流れが大きくブラジルへ向かったことをうかがわせる。

第二期と戦後の移民は政府直接の管理の下で行われたが、移民の出身地には大きな変化はなく、依然として西日本と九州・沖縄出身者が多い。移民総数でみると、第一期の移民総数は約三万五千人、第二期は約十五万人、そして第三期として一九六〇年代はじめまでの合計で約四万五千人であった。うち、戦前にブラジルへ移民した日本人移民は総数の約四分の三にあたる。現在、ブラジルにおける日系人人口は一二三万人と推定されている（サンパウロ人文科学研究所、一九八八）。

三　ブラジルで形成された「日本人」としてのアイデンティティ

最初の日本人移民がブラジルへ渡航して一〇〇年を経た今日に至るまでの間、日本人移民や日系ブラジル人の自己認識および帰属意識＝アイデンティティは様々な変遷を遂げてきた。

日系ブラジル人の多くは、自分はブラジル国籍を持ち、ポルトガル語を話し、ブラジルの文化・習慣に溶け込んでいるという意識を持っている。しかし、他方、彼らは日本人の血を引き、「日本」という象徴を背負っていることも同様にはっきりと意識していると言える。

前山氏によれば、日本人移民はブラジルでの生活により、「日本人になった」のである（前山、一九八二）。彼らが主にブラジルの耕地でコーヒー栽培に従事していたとき、耕地内では多人種的状況であった。つまり他の諸国出身の移民（イタリア人、ドイツ人、スペイン人など）や、ブラジルの黒人が労働者として混住していた。そこで、日本人移民は「日本人」と呼ばれ、日本人として扱われ、彼ら自身も次第に「日本人」になっていった。しかし、その「日本人」の意味は彼らブラジル社会との関係をめぐる彼ら自身の認識の変化とともに少しずつ変化してきた。最初ブラジルへ移民した日本人から現在のブラジルの日系人に至るまで、「日本人」から「ブラジル人」への変化を経験してきたということになる。前山氏は、そのプロセスを、第一次出稼ぎストラテジー、第二次出稼ぎストラテジー、そして永住ストラテジーの三つに区分している。

「第一次出稼ぎストラテジー」とは、短期的な出稼ぎによる金銭獲得を目的とした戦略であり、今世紀初頭のブラジル日本人移民がこれにあたる。ブラジルへの移民が始まった二十世紀初頭の日本では経済が悪化し、特に農民・労働者などに深刻な影響を与えていた。その中で、数年ないし一〇年程度でブラジルにおいて蓄財した後、日本へ戻るつもりで多くの日本人がブラジルへ移民したのであった。この時期は、また日米紳士協定によりアメリカ合衆国本土とハワイへの渡航が事実上禁止された時期と重なっていた。

渡航先のブラジルでは当初の目論見通りにはいかなかった。主な理由として、第一に、ブラジルでのコーヒーの過剰生産と価格暴落があり、それにより移民の労働の条件は悪く、利益どころか、彼らの生活の維持にも苦しい状況であった。そこで、日本への帰国を果たせぬままブラジルに居残る移民が増大した。他方、ブラジルにおけるコーヒーの大プランテーション制が崩れ、移民は分譲に向けられた小規模の農地を購入し、または借りることが可能になったこともあって、移住は短期的計画から長期的な計画に変わっていった。

「第一次出稼ぎストラテジー」への変化は、ブラジルにおける日本人移民の出稼ぎ目的が長期化したことを意味している。ここで子どもの教育問題に直面することになった移民の多くは、ブラジルで生まれ、ブラジルの文化の中で育つ子どもたちを、いずれ日本につれて帰るつもりであったため、家庭内では「日本人」として教育していたのであった。

「第二次出稼ぎストラテジー」を経てやがて「第三の永住ストラテジー」へと変化していく際に大きな影響を与えたのは、自作地の獲得が容易になったことに加え、一九三〇～四〇年代の日本とブラジルをとりまく内外の状勢の変化があった。すなわち、日本がアジアでの戦争に乗り出した一方、ブラジルでバルガス政権の樹立によって、強力な国民統合政策が実施され、外国語教育や外国語による報道などが禁止されたのである。

これらの三つの段階を経て日本人移民がブラジルでの定住に向かったという前山氏のモデルは、ブラジルにおける日本人移民の意識の変化と日系人社会の形成過程を説明している。また、一九七〇年代はじめまで日本からブラジルへの移民がつづいていたため、ブラジルの日系人社会における移民一世の影響が現在でもなお強く残っているという事実がある。そのため、日系人社会の多数を占めていて、日本を直接知らない二世・三世にとっての「日本」には、長年を経てブラジルで創られた一つのイメージである「日本」と移民一世が語る「日本」が錯綜している。いずれにせよ、現在の日系人の自己認識における「ブラジル人」と「日本人」の関係は、しばしば、ブラジル人でありながら「日本人」の子孫であると表現することが出来るのである。

一方、日本へ来て、日本社会で生活しながら「普通」の日本人との出会いによりブラジルで持っていた「日本」というイメージ、そして日本人としてのシンボルはある意味で崩れてしまう。それは、来日時までは自分は日本人として誇りを持っていたシンボルが、日本では何の意味も持たず、なお日本人からはただの外国人として扱われる。そして、ブラジルで住んでいたときより「ブラジル人」の意識が強化されるといえる。つまり、前山氏が言うように、日本人がブラジルで「日本人」になったと同様に、日系人は日本で「ブラジル人」と言う意識を再確認させられたのである。

このような状況のなか、ブラジル人は日本での生活を続けている。前山の定義を援用すると、日本における日系ブラジル人は第二ストラテジーに進んでいるといえる。つまり、日本において、家族の呼び寄せや帰国の困難により当初の短期滞在の計画から日本滞在が長期化され、様々な地域で暮らしている。

四　ブラジルにおける日系人社会

現在、ブラジルで二世以降の世代が教えられる「日本」とは、一世の記憶にある「日本」とブラジルにおいて日系人社会の形成とともにつくりあげられた「日本」であることが多い。しかし、なぜ日系二世・三世はブラジルに同化をしているると同時に一世から受け継いだ「日本」を維持しているのだろうか。

一つの説明としては、「日本」及び「日系人」は「美徳」という側面だけで創り上げられ、そのイメージに日系人は自己を同一化（アイデンティファイ）することで、ブラジル社会で生き延びるための庇護を得、そして社会進出のための武器として積極的に利用しているということが考えられる。

日本人移民が創りあげ、日系人が受け継いだ「日本」というイメージは、ブラジルにおいて好意的なイメージだといえる。例えば、ブラジルにおける日本移民八〇周年記念の機会に出されたバネスパ銀行（Banespa）の広告の「我が銀行には七千人以上の日系人スタッフがいます。我々は彼らの親切さ、勤勉さに影響されてしまったので、我が銀行では日系人のスタッフしかいないと思われてしまう」という表現が日系人のプラスイメージを表しているといえよう（パウリスタ新聞、一九八八）。なお、二〇〇七年一二月に、ブラジルで調査中に、筆者が見たコマーシャルで、日本移民一〇〇周年を記念して、ヘアル銀行（Banco Real）も、「わが銀行では多くの日系人スタッフに支えられている」と強調した内容をテレビで宣伝していた。

今日ではブラジルの社会・文化の一員として、多くの面で好意的に認められている。例えば、教育面では、日系人は頭がよく、大学への進学率も高いと言われ、農業分野では技術を持ち、よく働く、そして一般的に「まじめ」、「正直」というイメージがある。このイメージを守るため、日系人は親から子へとブラジルにおける「日本」または「日本人」という象徴を伝えてきたのである。学歴に関しては、例えば、一九八〇年のサンパウロ州の主要な大学の入学試験合格者の中で日系人の比率は一割であった。当時、サンパウロ州総人口を占める日系人の比率は二・五％足らずと推定されており、他州出身の日系人の受験者を差し引いてもこの日系人合格者の比率は高いといえる（Saito, 一九八〇）。現在においても、ブラジル南部の多くの大学で、日系人が占める割合は依然として一割程度である。たとえば、州立ロンドリーナ大学の調査によると、二〇〇六年大学入学者の七％が、本人の「色」（人種）に関する問に「黄色」と答えている（Universidade Estadual de Londrina, 2006）。ブラジルでは、「黄色」といった場合、アジア系移民の子孫を指すことが多い。また、同大学が発表した入学者リストから日本人の苗字のみを抽出し数えたところ、やはり一割程度であった。なお、サンパウロ大学の入学者リストでも、日本人の苗字を持っている合格者が一割程度であった。

しかし、日系人が日本へ来てから、現実の日本と日本人に出会い、しばしば自分たちが想像してきた「日本」とは異なることを認識するようになる。そのとき、自分たちが創り上げてきた「日本人」というアイデンティティに対して衝撃を受け、批判的になる者がいる。

このように、日系人の中での「日本」・「日本人」イメージが変容するにもかかわらず、ブラジルにおける日系エスニック集団は存続する。それは、日系人が創り上げた「日本」・「日本人」像は必ずしも現実の日本ではなく、ブラジルの社会の中で生活する上での象徴であるからである。

日本人移民はブラジルで自分たちが「日本人」というアイデンティティを持つようになったとき、彼らの日本人観は「日本人的美徳」のみに着目して創り上げられ、その「美徳」の有無こそが自分たちと非日系ブラジル人（「ガイジン」）との決定的差異と認識した。この論理から、「勤勉でない者」、「犯罪者」等の負のイメージは、本来の日本人ではなく、むしろ「ガイジン」である本来のブラジル人の資質とされたのである。彼らが自分たちの子どもに伝えようとした「日本人」のイメージは、このように「ブラジル社会の中での日本人・日系人」を意識したときに創り上げられたステレオタイプと多くの部分が重なる。

現在でも、日系人が多い地域では、必ずと言ってもよいほど日系人団体が存在している。日系人一世をはじめ、二世・三世の多くはそれぞれの日系人団体との関わりを持ち、日系人団体での活動が生活の一部分として組み込まれている。現在でも多くの日系二世・三世の私的な交際の範囲においても日系人同士の比重が大きい。

また、同時に「日本人」・「日系人」という集団への連帯感と責任感が強く表れる場合がある。ブラジルの日系人はブラジル国籍者であれば、自分が普通の意味でブラジル人であるということを否定しない。自分たちはブラジル生まれで、ポルトガル語を母国語とするブラジル人にはまちがいないが、同時に「日系人」である意識を何の矛盾もなく持っており、時には、その「日系人」という付加された特徴（日系ブラジル人）ゆえに、「日系でないブラジル人」に対して優越感を覚える場合すらある。

五　「日本人」、「日系人」、「ブラジル人」、「ガイジン」の違い

日系ブラジル人が抱く「日本人」という意識は日本においてもブラジルにおいても、プラスの面のみを強調するステレオタイプ化された好意的なイメージに支えられている。日系ブラジル人は、ブラジルにいて自分たちを指すときに、「日系人」と「日本人」両方の言葉を使っている。前山氏によると、日本人移民はブラジルでは人間、事物、事象を分類し、自分達の意識では「日本」と「ブラジル」との対象によって意味を与えていた（前山、一九八二）。例えば、「日本語」に対し「ブラジル語」（ポルトガル語）、「日本人」に対し「ブラジル人」・「ガイジン」、「日本料理」に対し「ブラジル料理」と呼んでいたのである。こうして移民は、「ブラジル」の対概念として「日本人」のアイデンティティをつくりあげた。現在でも、ブラジルでは日系人の間でこのような対概念にもとづく言葉遣いが残っている。筆者の場合でいえば、子どもの頃ブラジルで「ガイジン」という日本語の言葉は、非日系人の意味として覚えた。つまり、「ガイジン」という言葉の本来の意味（外国人という意味）を知らずに使っていた。

ここで興味深いのは、日系ブラジル人はしばしばブラジル社会において「自分たち」以外の人々のことを「ガイジン」や「ブラジル人」の名で呼んでいるにも拘わらず、日本においては自分たちのことを指すのに「日系人」の他に「ブラジル人」を使っていることである。つまり、ブラジルにおいて日系ブラジル人自身が「ブラジル人」の対概念として「日本人」という意識を持っていたと同様に、日系人自身が「日本人」の対概念として「ブラジル人」という意識を持つようになっているのである。「日本人」という呼称は、日本に滞在する日系人の間では、自分たちとは違う「日本人」、すなわち、「日本の日本人」だけを指すのである。そして、ブラジルにおいて「ガイジン」や「ブラジル人」のものとしてきたネガティブな資質を「日本人」にあずけ、「日系人」にはブラジル同様、ポジティブな資質しか与えていない。

したがって、日本において日系人は自分自身を指すときに

日本人に対し「ブラジル人」と「日系人」の言葉を同じ意味で使っている。日系人は非日系人に対しては「日本人」であり、日本人に対しては「ブラジル人」であったりする。

六　来日する日系ブラジル人の現状

一九九〇年以降、来日するブラジル人は大幅に増加し始めて、現在では三一万人を超え、そのほとんどが日系人である（入管協会、二〇〇七）。ここで言う日系人とは、日本国籍を持たない日本移民の子孫を指す。現在来日している日系人のほとんどが日系二世・三世であり、彼／彼女らは日本での生活において、日本語をはじめ日本の習慣にとまどいを感じる人が多い。このように日系二世・三世の来日が可能になったのは、日本において一九九〇年六月に「出入国管理及び難民認定法の一部を改正する法律」が施行され、日系二世には「日本人の配偶者等」、そして日系三世には「定住者」の滞在資格が与えられるようになったからである。

来日する日系人は、二種類に分類することが出来る。第一のグループは、ブラジルにおいて日系人社会に参加し、自分たちは「日本人」としての素質をもつ「日系ブラジル人」というエスニック・アイデンティティを持っており、日本社会と親近感を持っている人々である。このグループの人々は、ブラジルにおいて、親や祖父母から受け継いだ伝統的な誇りや名誉に関わる価値を評価し、「日本人」であることをプラスイメージとして認識しており、来日はある意味では祖先の国へ「帰国」するという考えを持っている。二つ目のグループは、主に経済的な動機で来日する人々で、日系二世・三世が多い。

しかしながらこのような違いにもかかわらず、来日後は両グループともに、日本人としては認められず、外国人労働者に過ぎないことに気付くようになる。それにより、日系ブラジル人は、日本に来てから「ブラジル人」という意識がより強くなる傾向がある。

彼／彼女らは当初二、三年の短期間日本に滞在し、中・小零細企業で非熟練労働者として働いた後、帰国する予定だった。しかし、当初の目的とは違って、現在は日本滞在年数が長期化しており、例えば、二〇〇六年浜松市が実施した調査では、日本滞在期間が六年以上が五八％、その内十五年以上が一二％だった。なお、在留資格に関しては、三八％が既に「永住ビザ」を取得していた（浜松企画部国際課、二〇〇七）。つまり、日系人は実質的には「短期滞在外国人労働者」から「長期滞在外国人住民」へと生活実態が変化してきたのである。

七　結語——日系ブラジル人のアデンティティのモデル

ブラジルにおける日系人は「日本人」だというアイデンテ

イティを持っている。ここでは、「日本」・「日本人」とは「真面目」・「勤勉」など好意的な意味をもつ。しかし、ブラジルで生まれ育った日系人（二世以降）にとって、「日本」・「日本人」とは一つのシンボルに過ぎない。つまり、「真面目」・「勤勉」な日本人とはブラジル社会における生活で優越的な意味を持ち、日系ブラジル人がアイデンティファイするシンボルである。

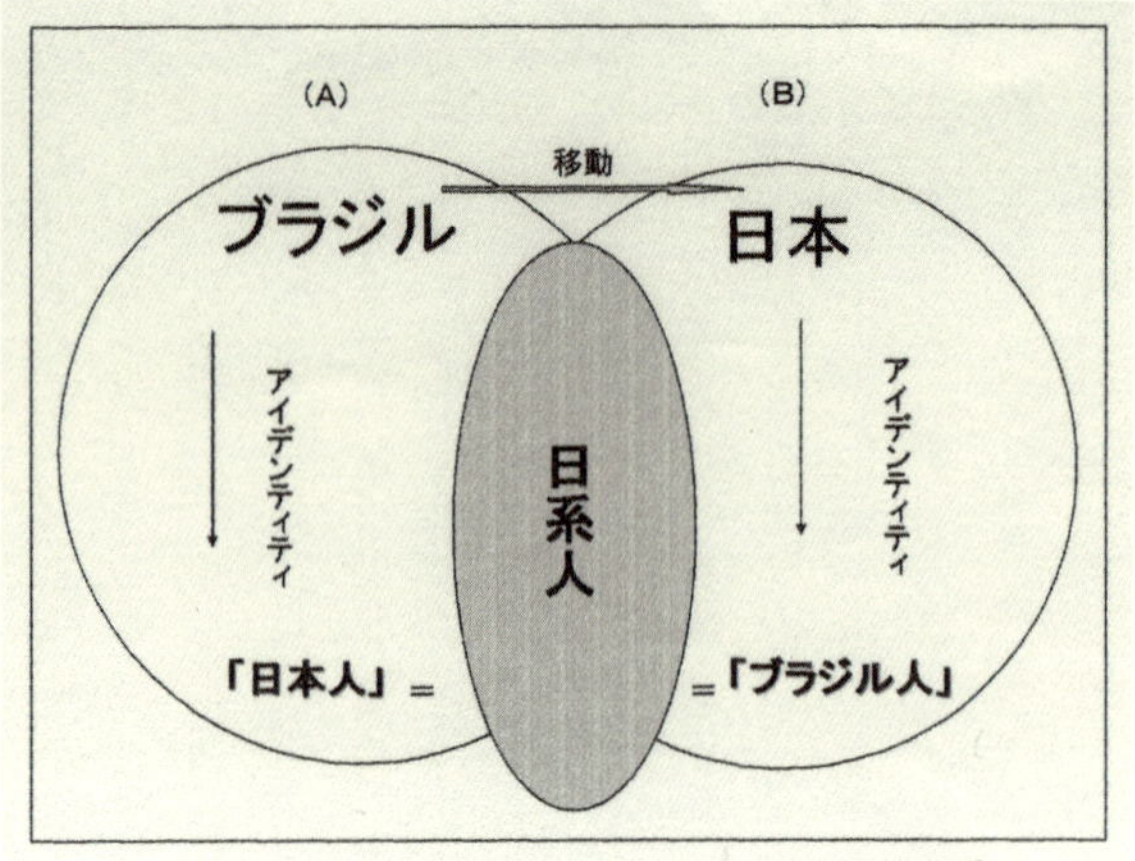

図1　日系ブラジル人のアイデンティティの変容モデル
筆者作成（イシカワ、2008）

ところで、日系ブラジル人が来日することにより、自分たちが教えられた「日本」・「日本人」は少なくとも現実の日本と日本人とは切り離されて存在するということを認識する。ただ、ブラジルにおいても、日本においても、「日系人」というアイデンティティは共通するのである（図1参照）。

（A）日系人がブラジルにいる時：プラスなイメージを持った「日本人」にアイデンティファイする。同時に「ブラジル人」に対してはマイナスなイメージを持つ。

（B）日系人が日本にいる時：プラスなイメージを持った「ブラジル人」にアイデンティファイする。同時に「日本人」に対してマイナスなイメージを持つ。

日系ブラジル人は、新しい環境での生活においてプラスのイメージを持つ標識に代えようとするのである。また、日系ブラジル人の日本滞在の長期化がすすむにつれて、彼らのアイデンティティが「日本人」と「ブラジル人」の二極端にある概念とは違ったかたちのアイデンティティを持つようになるのではないかといえよう。

日系ブラジル人の場合はブラジルと日本という場所の移動や、時間により様々な変化を遂げてきたにもかかわらず、その存在を支える「日系人」としてのアイデンティティは根強く保持されている。それは、一体感情、つまり「日本人の子孫」＝「日本的美徳としてのステレオタイプ」という感情を共有している人々から構成されているからである。

日本での長期的滞在により、日系ブラジル人のアイデンティティに見られた変容は、来日当初の「日系人」としてのアイデンティティの意味の変化である。つまり、来日当初は「日系人」とはブラジルで教えられた美徳化された「日本人」であり、日本へ来ることにより日本人を対概念にしてブラジルから来る日系人と非日系人を一まとめにする「ブラジル人」というアイデンティティを強調していた（「日系人」＝「ブラジル人」）。以上のことから、日系ブラジル人は日本でよりよい生活をするためには、日本人のよいところとブラジル人のよいところを持つ「日系人」であるという意識を持つようになることが分かる。

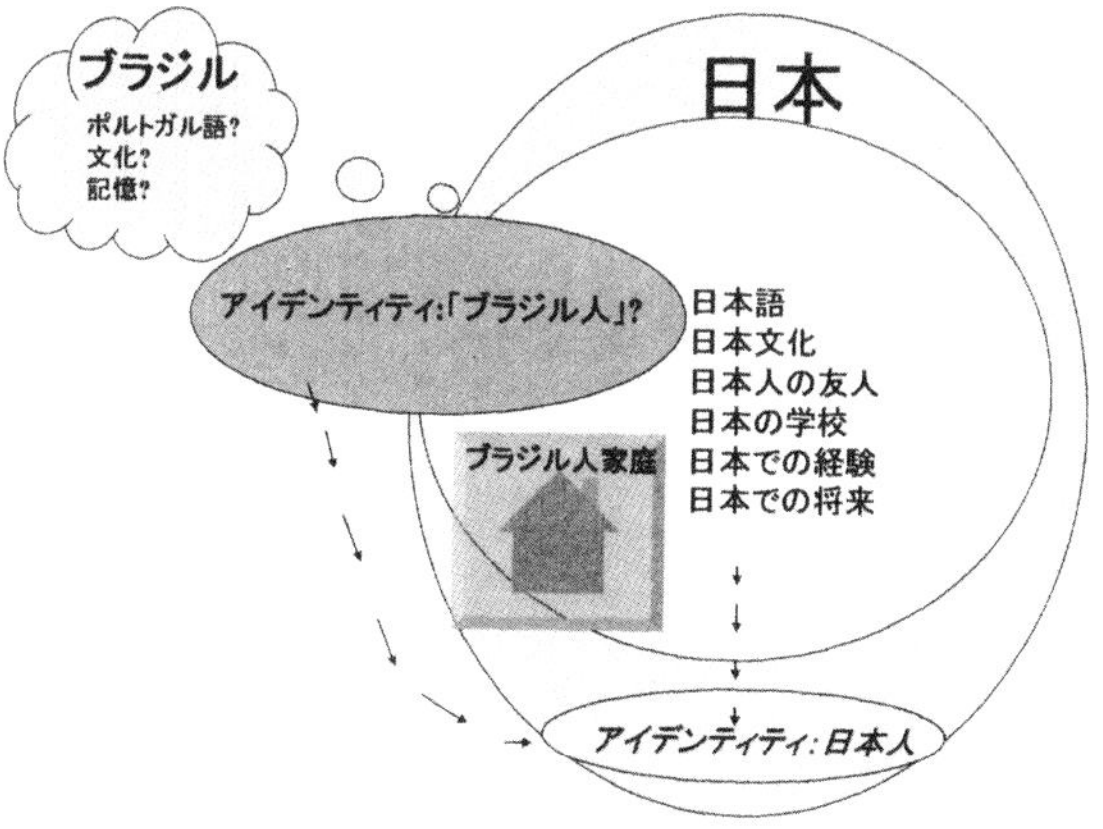

図２　日系ブラジル人の子どものアイデンティティのモデル
筆者作成（イシカワ、2008）

一方、日本で育つ子どもたちはどうだろうか。親の場合、来日により「日本人」から「ブラジル人」へとアイデンティティが変化する。しかし、子どもの場合、このような論理にはあてはまらない。子どもたちの中ではブラジルを直接知らない、もしくは覚えていないケースが多いからである。

このモデルでは、子どもたちが日本で生活する環境により、日本社会へ適応していく過程を描いている。多くのブラジル人の子どもは日常的に日本語を使い、日本の学校に通いながら日本人の子どもと変わらない経験をしていく可能性がうかがえる。他方、日本生まれの子どもが増加している今日、ブラジルというのは親に教えられる「ブラジルの記憶」であり、現実的な記憶ではない。そのため、子どもたちは日本社会への適応過程において、今度は日本人としてのアイデンティティが芽生えてくると考えられる。

＊本稿は、イシカワ（二〇〇三ａ、二〇〇三ｂ、二〇〇四）を基にして修正・加筆して執筆した。

参考文献

イシカワ・エウニセ・アケミ、二〇〇三ａ、「ブラジル人の日本滞在長期化にともなう諸問題」『ラテンアメリカ・カリブ研究』第一〇号、一一―二〇頁

――二〇〇三ｂ、「ブラジル出移民の現状と移民政策の形成過程――多様な海外コミュニティーとその支援への取り組み」駒井洋（監督）小井土彰宏（編）『移民政策の国際比較』グローバル化する日本と移民問題　第一期第三巻、明石書店、二四五―二八二頁

――二〇〇四、「ブラジルと日本における「日系人」の文化的変容――「日本人」・「日系人」・「ブラジル人」・「ガイジン」の違い」鹿児島国際大学国際文化学部論集、三五―五二頁.

――二〇〇八、"Identidade Étnica dos Nikkeis Brasileiros no Japão- O ambiente em que vivem as crianças brasileiras em Hamamatsu"（「在日日系ブラジル人のエスニック・アイデンティティ――浜松における日系人子弟の生活環境」）（研究代表、池上重弘）『外国人市民と地域社会への参加――2006年浜松市外国人調査の詳細分析』平成一九年度静岡文化芸術大学文化政策学部長特別研究、成果報告書、九〇―一〇二頁

Universidade Estadual de Londrina, 2006, *PERFIL DO ALUNO INGRESSANTE*, Pró-Reitoria de Planejamento Diretoria de Avaliação e Acompanhamento Institucional, Publicação eletrônica (http://www2.uel.br/cpa/arquivos/Perfil_Aluno_2006.pdf),

Saito, Hiroshi *A Presença Japonesa no Brasil*, Editora da Univ. de São Paulo, 1980.

サンパウロ人文科学研究所（編）、一九八八、『ブラジルに於ける日系人口調査報告書――一九八七・一九八八』

鈴木悌一、一九六四、『ブラジルの移民史』（ブラジル日系人実態調査委員会）東京大学出版会

日本人発展史刊行会、一九五三、『ブラジルにおける日本人発展史』下巻、昭和二八年

入管協会、二〇〇七、『在留外国人統計』平成一九年版

前山隆、一九八二、『移民の日本回帰運動』日本放送出版協会

パウリスタ新聞、一九八八年六月二三日

浜松市企画部国際課、二〇〇七、『浜松市における南米系外国人の生活・就労実態調査』報告書

複合的なコンテクストに向き合う――『移民の記憶』セッションから

岩崎 稔

ひとつの映像を参照項にして、複数の時空をつないでみる。――これが、『移民の記憶』全編を二日間にわけてあらかじめ上映したうえで、本書に収録されているアンジェロ・イシ（武蔵大学）の「デカセギ移民の表象――在日ブラジル人による文学および映像表現の実践から」、エウニセ・アケミ・イシカワ（静岡文化芸術大学）の「《日本の記憶》と《ブラジルの記憶》――日系ブラジル人のアイデンティティ」、それに西山雄二（東京大学非常勤講師）がフランスにおける移民史を説明した報告（未収録）から組み立てられた、「移民の記憶」セッションの意図であった。

ヤミナ・ベンギギの『移民の記憶』は、一九九七年にフランスでテレビ放映され、その後劇場公開された一六〇分に及ぶ映画である。この作品では、ことさらに共和主義的な統合の神話を国民史の核に据えてきたフランスの自画像に対して、かつてマグレブ地域（つまり北アフリカのアルジェリア、モロッコ、チュニジア）からフランス北部の鉱山、工場、建築現場に安価な労働力として送られてきた移民たちが、かれらの言葉とイメージを突きつけている。マグレブ移民は、一九五〇年代からフランスにおける高度経済成長の不可欠な労働力として導入され、その総数は膨大な数におよんだ。映画のなかで、モロッコに配属されていた当時の政府移民局ブローカーがあけすけに語っている。「…わずか四、五分の面接で判断しなければならない――労働力の「品質管理」は私たちの責任だ――選別される労働者が雇用者側にとって優秀な「商品」かどうかを。たしかに「商品」とは、あまり良くない言葉だが…。自慢じゃないが、モロッコ人に関しては「不良品」の割合が極めて低かった。全体の二パーセント以下だった。五万人も送り込んだ年があったのに！」。同じ光景は、当時その列にならんだ移民労働者の側から見ると「面接会場の前はたちまち長蛇の列。部屋に入ると、まず握手されました。挨拶だと思ったら、手のひらの硬さをテストしていたのです。硬い手の平は肉体労働者の証拠、柔らかい手の人は肉体労働を知らないデスク・ワーカーとして自動的に不採用でした。合格者には緑色のスタンプ、不合格者には赤色のスタンプが腕に押されました」。

かれらはこうして選別され、製鉄所、化学工場、炭鉱の、他のフランス人たちが容易に入っていくことができない過酷な労働環境に送られ、炎熱とガスと塵肺に苦しみながら働いた。また、多くの場合劣悪な居住環境のなかにおかれ、フランス社会からも他の移民たちからも隔離する意図で、まずは外部との接触を遮断されたのである。六〇年代を通して同様の移民政策が続いていたが、経済構造の転換に伴って一九七四年に新規移民の受け入れが停止されると、局面は転換する。移民労働者の多くが、それまで実質的には不可能だった妻子を呼び寄せ、定住化を選択したからである。この転換にともない、移民たちの世界ははるかに複雑な様相を生み出すことになる。かれらを調整しやすい労働力としてしか表象してこなかったフランス社会の前に、やがて家族があり、固有の歴史をもった、具体的で多面的な生の現前として可視化することになるからである。映画の第一部「父たち」が、最初にフランス社会に送られた男たちの記憶を描いているのに対して、第二部の「母たち」、第三部の「子供たち」が、こうした定住化以後にフランス社会にわたり、またそこで生まれたジェンダーとジェネレーションの記憶をも多面的に描き出している点で、この作品は傑出している。監督であるヤミナ・ベンギギ自身、アルジェリア移民の娘として五七年にリール近郊で生まれている。

『移民の記憶』が、一九九七年にフランスで上映された時期は、フランス政府の移民政策がさらに収縮し、外国人に対する排他的な登録制度が争点化していたころであった。それに抗する意味で、「まれびと」に対する「歓待」として表現される社会の解放性の意義が、多様な形で「知識人」たちによって問われていた。この映像作品もそのひとつであり、「マグレブ移民たちの尊厳を回復する記念碑的な作品」（日本語版作成者、菊池恵介）として評価されている。日本語版を製作して東京外国語大学で初演された際には、とくにマグレブ移民の経験を日本近代の植民地支配が生み出した移民の記憶、つまり在日朝鮮人の記憶に付き合わせることが企てられた（東京外国語大学海外事情研究所『クァドランテ』第九号、二〇〇七年）。そのおりの報告者のひとりであった宋連玉（青山学院大学）は、「そこで語られる言葉は在日朝鮮人の父、母、私たちのものではないかと錯覚するほどだった」と、出会いの衝撃を告白している（同誌、宋「マグレブ移民に呼び戻される在日朝鮮人の記憶」）。そうした試みをひとつの先行経験として、カルチュラル・タイフーンin名古屋では、日本社会の現在に別の形で焦点化している日系ブラジル人の経験を考えるための触媒として、この映画を再設定してみた。ベンギギがかつてそうしたように、労働力として日本に再移民している日系人が自己の経験をどのように表現しようとしているのかを報告するイシの論考や、かつてのブラジル移民に畳み込まれている記憶を論じたイシカワの論考は、本書のそれぞれの当該ページを見ていただくしかないが、資本の動態の最前線における労働の現場は、どこでもつねに、安価で調整しやすい外国人労働者を不可欠なファクターとして成立しており、移民の記憶はその意味でつねに時代を映し出す鏡になるということを思わざるをえない。カルチュラル・タイフーンin名古屋が「トヨティズム」の地で行われるにあたって問いかけられたことのひとつはそれであったのだろう。

〈声〉の／から文化を考える

渡辺克典

「あ、あ、あ、愛している」

という言葉を聞いて、どのような場面を思い浮かべるだろうか。愛の告白をしようと緊張する若者たちの淡い場面だろうか。長い交際期間を経た一組の男女が、結婚という次のステージにすすむ決意を表明する場面だろうか。それとも、病に伏せた者が、愛する人に送る最後のメッセージだろうか。

ろう者の声

だが、もしこれが「耳の聞こえない人」から発せられた場面だとしたら、この〈声〉のもつ意味は変わってくるだろう。聴覚障害者や「ろう者」とよばれる人びとが登場するドラマにおいて、このような場面が描かれることは少なくない。このとき、「あ、あ、あ」などといった声は、緊張してしまったがゆえに失敗して発してしまった声ではなく、自分の気持ちを伝えようと努力した結果発せられた声として提示されることになる。

　これが意味するのはどのようなことか。一般に、耳の聞こえない人びとは手話や筆談で会話をする。そこでは、手話や筆談は、声を出すことができないという理由で用いられていると考えられがちである。このとき、手話や筆談は声を補助する手段として位置づけられている。

　だがその一方で、手話を声と同様に扱う考え方もある。この場合、手話には二つの種類があると考えられている。第一に、音声言語に則った手話である。これは、日本では「日本語対応手話」とよばれる。聴者や難聴者が声を出しながら手話を用いるものが代表的な例である。第二に、音声言語を前提としない、ろう者たちが用いる手話がある。これは、「日本手話」とよばれる。

　私たちは、「手話」とよばれるものは単一の言語体系をもっていると考えがちである。しかし、ろう者たちの中からそれを否定する見方が提示された。一九九五年に発表された「ろう文化宣言」では、日本手話が独自の言語体系をもっていることが主張された。そこでは、ろう者は「日本手話という、日本語とは異なる言語を話す、言語的少数者」（『現代思想』第二三巻三号）と位置づけられた。これは、耳が聞こえない人びとや日本手話を、障害や病理ではなく文化のちがいとしてとらえる問題提起であった。このような見方に立つ活動のひとつとして、D PRO（d-pro.net）がある。そこでは、日本手話を重視したバイリンガル教育の推進などが実践されている。

吃音者の声

　もうひとつの例をあげてみよう。「あ、あ、あ」といったように、ある言葉を繰り返してしまう言語障害がある。それは、「吃音」とよばれる。吃音者にとって、「あ、あ、あ」と言葉を繰り返してしまうことは、必ずしも緊張していることを意味しているわけではない。

　吃音の代表的な症状として、同じ言葉の「繰り返し」、必要のないところでの言葉の「引き伸ばし」、言葉が途中で出なくなってしまう「阻止」などがある。吃音者が発する「あ、あ、あ」という言葉の繰り返しは、言語障害の症状として診断される。だが、この声はときとして吃音者でない非吃音者が発してしまう声でもある。吃音の声とそうでない声を隔てる境界とはなんなのだろうか。

　吃音者は、非吃音者にとっては当たり前となっている声を出すことができない苦しみを抱える。吃音者が声を出せないことは、「緊張している」「発声練習が足りない」などととらえられてしまう。そうすることで、吃音者たちは声の障害だけでなく、無理をした話し方や心の問題も抱え込むようになっていく。

　だが、吃音者の中には、吃音の声を選択する人びともいる。たとえば、一九六〇年代の障害者による当事者運動の中で生まれてきた「言友会」は、一九七六年に「吃音者宣言」を採択した。吃音者宣言では、「どもり」を治療すべき対象としてとらえるのではなく、吃音をもったまま生きるための出発点として位置づけている。ここでは、吃音の声は、吃音者たちの連帯を目指すための象徴として位置づけられている。

　多くの人たちにとって、〈声〉は当たり前の存在であり、コミュニケーションを交わす上で欠かせないものと考えられている。だが、声には、正しいとされる声や、不適当だと判断される声がある。これらのルールや規則を「声の文化」とよんでみることも可能かもしれない。声の文化という観点から考えてみた場合、ろう者や吃音者は、声の文化のマイノリティなのだろうか。それとも、異なる「声の文化」に所属する人びとなのだろうか。

III　労働の変容／労働者の変容

大量生産・大量消費を信条とするフォーディズムの成型にとって、テイラー主義的な労働管理の技法はまさしく必須のシステムだった。労働者を合理的に飼いならすこと――フォーディズムに適合するよう馴化された労働者たちに残された道は、いさぎよくベルトコンベアーの一部となるか、組織的労働争議の担い手を引き受けるかのみだった。

アフター、ポスト、ネオ……さまざまな冠つきでフォーディズムとの位相が問われているトヨティズム下の労働者ではどうだろう。この問題に、「デカセギ移民」の表象を通して挑んだのがイシ論文である。イシ論文は、トヨティズム下で労働する在日ブラジル人の文化実践を取り上げて、かれらに対する表象ではなく、かれら自身「による」表象の芽ばえと可能性、そしてその限界を論じている。母国を離れて「デカセギ」労働することの意味を改めて考えさせられる論考となろう。一方、ポスト・フォーディズム期におけるネオリベラリズムの浸潤、福祉国家型社会の解体、そして労働の変容にかかる問題を扱ったのが渋谷論文と塩原論文である。渋谷論文は、ますます進展する日本のネオリベラルな政治経済体制が、労働法の「境界線上」に位置する労働者を生み出しつづけていることを指摘する。筆者自身が「境界線上」の労働者であるがゆえに敏感となる、労働現場のリアルな変容がそこにある。他方、塩原論文は日本を飛び出してオーストラリアの文脈を俯瞰する。福祉国家と強く結びついたオーストラリアの多文化主義政策が、一九九〇年代以降のネオリベラリズムの煽りを受けて変容し、移民・難民定住支援サービスの現場で働く労働者たちは疲弊してしまった。塩原論文の提起する警鐘は、福祉現場やNPO、あるいは移民支援を取り巻く日本の文脈へと再び響きわたってくるだろう。

いずれの論考も、二一世紀の労働をめぐる新しい局面の政治を理解する水先案内人となってくれるはずである。

（阿部亮吾）

デカセギ移民の表象
——在日ブラジル人による文学および映像表現の実践から

アンジェロ・イシ

一　在日ブラジル人による表象の意義

日本に住む日系人を中心としたブラジル出身の人々をめぐる「諸問題」については、マスコミによる報道や研究者による論述などによって大量の記録が蓄積され、語り尽くされたという感さえある。しかし、これらをむやみに採取して満腹感をおぼえている者がいるとすれば、「偏食」の可能性があることに気づかねばなかろう。移民に関する既存の記録が、彼ら彼女ら（以降、「かれら」と表記）の素顔や本音に果たしてどの程度、迫ることができているのだろうかという問いを常に繰り返す必要がある。移民「について」は多くが語られていても、かれら「による」語りはまだまだ少ない。また、移民が文筆や映像などの各分野で生み出してきた作品群の内容の解読やその社会的意義に関する分析は皆無に等しい。そこで本稿では、移民自身による文筆および映像表現の実践を紹介・分析し、その可能性や限界について考えてみたい。

ここで取り上げる移民とは、「日系人労働者」や「出稼ぎ労働者」と呼ばれる人々である。しかし、私はデカセギを漢字ではなく、カタカナ表記している。その理由は、ポルトガル語の主要辞書にこの言葉が掲載されるほど、「dekassegui」（ブラジルや日本で発行される移民の新聞や雑誌、いわゆるエスニック・メディアが用いる表記）や「decasségui」（最も権威のある辞書、Dicionário Houaissでの表記）が一般的な用語として定着しているからである。また、「日系人」ではなく、日本在住のブラジル国籍者の総称として「在日ブラジル人」という表現を優先している。確かにその圧倒的多数は、日本の出入国管理法による制限のため、日本人の子孫ではあるが、日系人の配偶者や養子として、「日系」ではない人々も少なからず来日している。本稿では、例えば、アフリカ系の子孫の「非日系」のブラジル人作家も分析対象としているが、「日系（ブラジル）人」という呼称は、「日本人の子孫」ではない彼のような存在を隠蔽する危険性をはらむ。さらに、「在日」という頭文字を用いる動機としては、日本滞在の長期化や意識の変化を示すという戦略も挙げられるが、ここではこれについて深入りはしない。

在日ブラジル人の数は、外国人登録をされている者だけでも、すでに三二万人を超えている。その大多数は、自動車や電化製品などの製造業で、いわゆる３Ｋ（きつい、汚い、危険な）労働に従事している。とりわけ一九八〇年代後半から一九九〇年代前半にかけて来日した先発組の大多数は、トヨタをはじめとする日本のブランド企業の下請けや孫請け工場に、仲介業者を通して派遣された。そういうパイオニアの苦悩は、少なくとも三つの表現法で克明に記録されている。それは新聞への投書、小説、そして音楽の歌詞である。本稿ではこれらを便宜上、「文学篇」として分類する。そして本稿の後半では、移民による映像表現の実践を「映像篇」という総称で表し、やはり便宜的にテレビ番組と映画に分類して紹介する。

なお、本稿で紹介する表現者とは、イシイとナシメントを除く全員に何らかの形で面談を試みたことも強調しておきたい。

二　文学篇

1　エスニック・メディアへの投書

エスニック・メディア（エスニック・マイノリティ集団による／のための新聞・雑誌・テレビ・ラジオ等）は、在日ブラジル人の自己表現の場として、極めて重要な役割を果たしてきた（イシ、二〇〇二）。本稿では、ブラジル人向けの新聞やテレビの報道やオピニオン欄でどのように移民が表象されるかについては踏み込まないが、新聞社が読者からの投書を基に作成した単行本を、「デカセギ文学」の先駆けとして位置づけてみたい。

ブラジル人向けの週刊紙『インターナショナル・プレス』が一九九四年に出版した『A Quebra dos Mitos』（神話の崩壊）は、新聞社宛に送られてきた読者からの投書をテーマごとにまとめ、研究者や専門家に関連エッセーを依頼して単行本に仕立て上げたものである。同書は後に邦訳され、『期待はずれのニッポン』という題名で出版されている。私は当時、留学生として在日ブラジル人研究に取り組んでいたが、同書で「偏見と差別」や「郷愁の念」に関する章のエッセーを担当した。興味深いのは、少なからぬ数の読者がポエム形式で投書していたことである。数々の投書においては、日本で差別を受けて味わった挫折感や孤立感、そして母国を離れたことによって抱いている孤立感や断絶感が顕著であった。

他方、競合紙の『ジャーナル・トゥード・ベン』が発行した『Dekassegui- Os Exilados Econômicos 素晴らしき夢　出稼ぎ』（一九九五）は、ポルトガル語と日本語のバイリンガル構成となっている。前述した著書と決定的に異なるのは、本書が作文コンテストを開いて、単行本として出版されることを前提とした投稿を促したという点である。選ばれた三二点には、喜怒哀楽に満ちた様々な物語が綴られているが、興味深いのは本の日本語のタイトルがデカセギを「素晴らしき夢」と肯定的に総括しているのに対し、ポルトガル語のタイトルが「経済難民」（もしくは「経済棄民」）という負のイメージを付与している点である。なぜ、両言語での題名にこのような乖離が生じたのか。おそらく編集者としては、ブラジル人読者に対しては素直に経済難民的な側面を認めるタイトルで構わないが、日本人読者に対しては見栄を張ろうという意図で、大志を抱いて海を渡った「夢追い物語」という肯定的なイメージを強調したかったのだと考えられる。編集責任者の橋本陽一はバイリンガルの日系ブラジル人である。私は当時、幾度となく彼と意見を交わしたが、彼が日本のマスメディアによるデカセギ関連の報道を綿密にチェックしている様子が印象的であった。その鋭い視線が、後述するテレビ・ドラマの脚本で余すところなく生かされている。

2　ドキュメンタリー・タッチの小説

在日ブラジル人の先発組による表現法のもう一つのトレンドは、自分の実体験を（ノン・）フィクションの小説という形で文字化する人が複数名いたという点である。私は複数の人から、「自分は今、日本での体験を書いている。近いうち、本として出す」という予告を聞かされた。しかし、実際に出版までこぎ着けられた例は極めて少なく、象徴的なことに、最も有名な二冊は著者がブラジルに帰国してからようやく発行された。なぜ、かれらは日本にいるうちに出版できなかったのか。理由の一つは、日本を離れてみないと、自分の体験が相対化できず、消化し切れなかったために筆が進まなかったからだろう。しかしむしろ重要なのは、かれらが日本では人脈がないけれど、ブラジルならば出版界とのパイプ役を有したという点である。さらには、物価の格差のため、日本よりもブラジルの出版費用が割安になるため、日本で稼いだ限られた資金の価値が増すという事情も無視できない。

では、肝心な小説の内容について簡潔に述べることにしよう。「デカセギ文学」なるものが存在するならば、その先駆けの筆頭候補は、一九九七年に出版されたシルヴィオ・サムによる『Sonhos que de cá segui』（サンパウロ市の日系出版社、Ysayama Editoraより発行）である。ポルトガル語でde cá seguiは「ここから（何かを）追って出発した」と直訳できるが、それをデカセギという言葉に引っ掛けて、「ここから夢を追って出発した」というタイトルになっている。ブラジルから日本に向かった普通の人々の体験が綴られるが、移民の屈折ぶりは例えば次のような形で表現される。作中の登場人物がカラオケで、長渕剛の名曲「トンボ」のメロディに乗せて、替え歌を熱唱する。曲目は「Dekokôssegui」「デココセーギ」。Kokô の発音(cocô)は、ポルトガル語で大便を意味する。デカセギ体験を他でもない「ウンコ」に例えているのである。その歌詞を邦訳すれば、次のようになる。

「(ウンコ) コ、コ、コ、コ、コ、コ…
やっと気分がよくなった、下すことができたので。
でも告白しよう、一分前は、泣いてしまった。
日本での就労に対するぼくの感想はといえば、
力を入れすぎて、臭くなって、手を汚す、
そして、あの冷や飯で我慢しなければならない。
母ちゃんがいつも作ってくれていたあの料理がなんと懐かしいことか。
だから、ブラジルに戻りたい。そして、全てをアソコに放り投げたい…」

この歌詞の「アソコ」とは、「地獄」もしくは「君を生んだ売女」のことであり、何か(あるいは誰か)に対して激怒している時にブラジル人が連発する国民的スラングを、きつい表現は避けながらも、文脈から連想させるように書かれている。著者のサムにインタビューしたところ、この歌詞は彼の創作であり、誰かが実際にカラオケで歌っていたものを書き留めたわけでもなければ、自分がその替え歌を実際のカラオケで歌ったわけでもない。しかし、タイトルにしても歌詞の内容にしても、デカセギの汚く、きつい側面を、排便という比喩を通して強烈に匂わせることに成功している。

サムに比べ、より叙情的な作品を出版したのは、アジェノール・カカズである。彼も、サムと同様、日本での工場労働を経験したが、日本での「今、ここ」よりも、生まれ育ったブラジルの「思い出、記憶」をより多く記述することによって、より明るい内容や文体になっている。また、サムの書物と違って、これは書き下ろし原稿ではない。前述した『ジャーナル・トゥード・ベン』にカカズが連載したコラムを単行本化したものである。

当時、私は同紙の編集長を務めていたが、彼のコラムのために紙面を割いたことが一冊の本を生む上で役立ったことを知って、あらためてエスニック・メディアの存在意義を実感した。出版年は一九九八年だが、コラムが掲載されたのは一九九六年から一九九七年にかけてなので、執筆時期はサムの小説と重なる。本の題名は連載コラムをそのまま引用して、『Crônicas - De um garoto que também amava os Beatles e os Rolling Stones』（『クロニクル――ビートルズもローリング・ストーンズも愛した少年より』、サンパウロ州ジュンディアイ市のLiterarte出版社より発行）。ブラジルという「場所」よりも、懐かしい青春とその「時代」に対する郷愁がタイトルからも漂って来る。

他方、静岡県在住のジェラルド・ナシメントが二〇〇〇年に自費出版したエッセー本、『Japão: a soma dos resultados』（『日本――結果の合計』、Meka発行）は、著者が日本に在住し続けている点や、日系人ではなくアフリカ系のブラジル人であるという点において、前述した二冊とは異なる。内容は自己啓発的なメッセージに満ちたエッセーだが、切り口は凡庸で、大きな反響を呼ぶには至らなかった。作者はブラジルで銀行の副支店長にまで昇進したが、経済的な事情のため来日し、日本で工場労働を経験して執筆活動に開眼したそうだ。二〇〇四年には二冊目の著作を自費出版したが、作品よりも、むしろ、静岡県浜松市でブラジル人向けのブックフェアを開くなど、読書習慣の普及に尽力するナシメントの積極的なイベント・プロデューサーこそが、メディアの関心を集めている。

この他、映画マニアを自認するモリマサ・ミヤザトが自費出版した『More no Japão』（『日本に住め』という意味のポルトガル語を、自分の愛称である「More」を語呂合わせしたタイトル）という、日本に関する基礎知識から映画論まで、辞典形式で綴った珍品もある。

3　音楽の歌詞

ごく少数の人々しか試みていない文筆活動とは対照的に、在日ブラジル人による音楽活動は、質量ともに、豊作に恵まれてきた。デカセギを経験した音楽家が作詞してきた歌詞の数々は、移民の表象や意識の変化を探る上で絶好の材料である。

なかでも示唆的な歌詞が満載されているのは、一九九七年に自主制作されたコンピレーション・アルバム、『Kaisha de Música』である。私はこのCDの制作を応援し、発案者のエンヒー・アサオカにインタビューし、その歌詞の解読にも挑んだ（イシ、二〇〇三）。本稿では、一例のみを紹介するに止める。アルバム・タイトルと最も関連が深い「Kaishão」という曲である。

「すごい暑さ、夏だ、毎日
オレはひどい目に遭う
三〇〇度近くの温度で
バカヤロウ！　毎日のように工場のラインでの作業を
暑い目に、寒い目に

Aボイラーの入り口で
汗をたらすオレを、
消耗しつくすオレを、
動物のようにみじめな目に遭っているオレを、
日本人はただ眺めるばかり
（一部、省略）
オレと同じ日に入社した女の子は
妊娠のために今日、首になった
時は過ぎる、時はダマす、時は考える
オレはプレスで指を一本なくした
やめるタイミングを逃した
斡旋会社も、斡旋業も、斡旋業者も、
カネのためならケツまで捧げる
人肉食斡旋業者ども、
人間とカネと残骸を食う奴ら
後ろからも前からも
自分の利害だけを考えて
彼らにとってはどちらでもかまわん
後ろからでも前からでも
彼らにとってはどちらでもかまわん
（一部、省略）
オレがいつかブラジルに戻るまで待っとくれ
このクソったれ野郎どもを
産んだ「売女」の元に送り戻すから

移民を搾取する斡旋業者に対する怒りを爆発させていることの歌詞を貫くストレートな表現が、前述したサムの小説の作中に登場する「デココセーギ」の歌詞に似通っていることは、一目瞭然である。「デココセーギ」の作者は自制してスラングを連想するだけに止めていたが、『Kaishão』の締めくくりでは、そのスラングが一語一句、大声で叫ばれることによって、ストレス発散が促される。『Kaishão』とは、日本の「kaisha＝会社」と、「caixão＝死体を納める棺」とを語呂合わせした造語である。デカセギが、人肉食の斡旋業者にレイプされ、残骸を食われる危険性を伴う「死」に例えられている。

同アルバムには、絶望感から抜け出し、日本に定住することに対して多少は前向きな姿勢を模索している様子を示す（あるいは、つらい現状をより素直に受け入れる諦めが伝わる）歌詞もある。しかし、一九九〇年代前半においてはまだエスニック・メディアはさほど発達しておらず、活字・映像資料とも不足しているだけに、Kaishãoのような歌詞は、デカセギ・ブーム初期の先発組が味わった機械化＝非人間化に対する嫌悪感の度合いを記録した、貴重な史料となり得るのではなかろうか。

三　映像篇

1　テレビ番組

スカイパーフェクTVで二つのチャンネルを所有する在日ブラジル人向けのテレビ放送局、IPCテレビは、これまで、幾つかの自主制作のドラマ（殆どは一回限りの単発ドラマ）を放送してきた。脚本と演出を担っているのは、前述した単行本、『すばらしき夢…』の編集を担当した橋本陽一である。私が最も評価しているのは、『Vaga para um japonês em apuros 困っている日本人に仕事を紹介する』である。リストラされた日本人サラリーマンの再就職を、工場で働くブラジル人の若者たちが助けるという、奇想天外なプロットが目を引く。

このドラマについては、「かわいそうなデカセギ者」というステレオタイプを覆す点が画期的であり、映画『月はどっちに出ている』で描かれている在日コリアンのプライドに通じる内容であると分析した（イシ、二〇〇二、二〇〇五）。しかし、いかなる「日本人との関係の在り方」が提唱されるかという点も注目に値する。

助ける側（ブラジル人）と助けられる側（日本人）の役割が、マスメディアで流通する関係性に比べて逆転しているという点よりもさらに痛快なのは、ブラジル人のおかげで再就職を果たした日本人の変貌ぶりである。彼はさっそくポルトガル語と日本語の辞書を買ってポルトガル語を覚えようとする。週末にブラジル人に誘われて、家族連れでアウトドアのバーベキューに合流する。そこでは、ブラジル人男性がブラジル流の挨拶で彼の妻の頬にキスをするが、夫婦ともども、まったく怒りも嫌がりもしない。ドラマ制作者は、多くの在日ブラジル人が思い描くであろう理想論や願望を脚本に盛り込んだようだ。日本人にはもっとポルトガル語を学習してもらいたいし、ブラジル人の言動に理解を示してほしい、という願望である。「郷に入っては郷に従え」という同化論に真っ向から対立するメッセージが、ここに込められている。

本作は、しかし、安易なブラジル文化の押しつけに終始していない。日本人はバーベキューにサッカー・ユニフォーム姿で現れるが、ブラジル人男性は逆に、「切磋琢磨」という漢字がデザインされたTシャツを着ている。つまり、日本語に敬意を表しているのだ。日本人夫婦はおにぎり（日本食の象徴）を持参し、ブラジル人らはそれを喜んで食べる。逆に、日本人男性は肉をパンに挟んで、ブラジル流の食べ方をしている。制作者がどこまで意図したかは別として、「互いに歩み寄ろう」というメッセージが読み取れる作品に仕上がっている。

2　映画

「映画監督」という肩書きを堂々と名乗れる在日ブラジル

人は今のところ、まだ誕生していないが、興味深い短編や長編映画が数本発表され、その作り手たちは映像作家としての認知度を上げつつある。最も多くの観客に鑑賞されたのは、恐らく『Mundo Nikkei - Os brasileiros do outro lado do mundo 日系の世界――地球の反対側のブラジル人たち』であろう。この作品は冒険家のヴェラとユリ・サナダ夫婦によって制作され、パイロット版が二〇〇五年に日本各地のブラジル人集住地で、日本語字幕付きで上映された。サナダ夫婦によれば、同作品はブラジルの大手銀行の出資を得て、同国での劇場公開を念頭に置いて制作された（二〇〇八年三月にサンパウロ市でロードショー公開を実現）。

サナダ夫婦は日本を含む世界各地を旅行した後、二つの企画を考案した。一つは日本に住むブラジル人の現状を紹介するばかりでなく、同時に日本の魅力をも、半ば観光ガイドのように紹介するドキュメンタリー作品の制作である。もう一つは、日本で自作を含む様々なブラジル映画を上映する「ブラジル映画祭　ニッポ・シネ・ブラジル」の実施である。

第一回の映画祭は二〇〇六年に開催され、主としてブラジル人が集住する都市（愛知県豊橋市、静岡県浜松市、群馬県大泉町など）の公共施設を借りているのが特徴である。一部の作品には日本語の字幕も付けられているが、日本人の観客よりも、むしろ日本で生まれ育って一度もブラジル映画に触れたことがない青少年や、言葉の壁（日本語の字幕が読めないこと）を理由に、来日後は映画館から足が遠のいたブラジル人たちに娯楽の機会を与えようというのが趣旨だという。

二〇〇七年五月、第三回の映画祭開催のために来日したサナダ夫婦を武蔵大学に招き、『日系の世界』のパイロット版の公開上映会を開いた。作品では、ユリが監督で、ヴェラがマイクを持ってレポーター役を務め、日本各地を駆け巡るロードムービー形式を取っている。各地で活躍するブラジル人が次々と登場し、細かいカットとハイテンポでビジネスから教育まで、様々な側面が網羅されている。

観客からの反応は、圧倒的な情報量を賞賛する声と、テーマを絞りきれておらず、情報を詰め込みすぎて深みに欠けるという声に二分した。私は両意見とも一理あると考える。日本のマスメディアがあまり光を当てないブラジル人のホワイトカラー組が幾人も出番を得ている点は評価できる。また、工場労働者を含め、画面に映る人物の大多数が笑顔を見せ、苦労話までもが全体的には明るいトーンで紹介されているという点が目を引く。マスメディア報道では、深刻な表情の人々が画面を支配し、ブラジル人が抱える（あるいは引き起こす）「問題」ばかりが暗いトーンで語られるのが常である。そういう移民の表象しか目の当たりにして来なかった観客は、在日ブラジル人の素顔（あるいは、「別の表情」）に新鮮味を感じるに違いない。

一方、本作の限界は、あまりにも単純かつ不十分な解説や問題提起に終始しているという点である。サナダ夫婦が映像制作の専門教育を受けていないせいかもしれないが、構成や編集法があまりにもブラジルのテレビのドキュメンタリー番組に似通っている。インタビューされる人物の選定基準にしても、エスニック・メディアでいつも取り上げられる「有名人」を優先しているきらいがある。在日ブラジル人の実情について無知な観客にとっては、要領の良い「入門教材」として役立つかもしれないが、それ以上の内容を求める者にとっては物足りない。そのより高度なニーズに見事に応えてくれるのが、次に紹介するエリオ・イシイである。

イシイはブラジルの名門、サンパウロ大学で社会科学を学んだ他、プロの映像作家に師事して映像づくりの理論と技術の両側面を身につけた上で映画プロダクションを立ち上げた。しかし、当初は軌道に乗らず、デカセギ目的で来日して工場労働も経験した。帰国後、彼は移民や日本と無関係の実験的な映像制作も試みたが、二〇〇四年には、デカセギを主題にした初の作品、『Cartas』(「手紙」の複数形)を発表した。

私はこの作品のテーマ設定のオリジナリティ、問題意識の奥深さ、作品に滲む作者の倫理観と被写体への温かい眼差し、洗練された編集などに感銘を受けた。そして数少ない上映会でこの作品に触れた知人は誰もが口を揃えてこの作品への共感を表明した。したがって、同作品が今年(二〇〇八年)、日本語字幕付きで、イシイが二〇〇六年に発表した『ペルマネンシア――この国にとどまって』と合わせて日本の配給会社よりDVDという形で同時リリースされると聞き、その宣伝パンフレットに推薦文まで寄稿した次第である。

『カルタス――日本からの手紙』(配給　アムキー)では、デカセギを経験した四人の日系ブラジル人女性(うち、一人は画面には登場せず、書いた手紙だけが声優によって朗読される)が、飾り気のない語り口で、饒舌に持論を交互に語る。単に体験を振り返るのではなく、語りは日本人論、ブラジル論、家族論、移民論と、多義に渡る。頻繁に挿入される、必ずしも語りとは関係のない映像は、観客の想像を膨らませる上で絶大な効果を上げている。

この作品の最大の特長は、女性たちを主人公に据えていることだろう。ある女性は、「私たちはそれなりの収入があったから、日本に稼ぎに行く必要はなかったのに……でも、彼はやっぱり行くと決めてしまった」と、淡々と語る。作者は、女性たちの声を通して、経済的な豊かさの追求を最優先する論理に対する嫌悪感を露にしている。彼が社会科学を学んだことが、ジェンダー問題をはじめ、移民をめぐる弱者の視点により敏感になるための土台づくりとして役立ったという推測に無理はなかろう。

作品づくりはデジタル技術の恩恵を全面的に受けている様子だが、主題として、アナログなコミュニケーション手段である手紙が選ばれたという点にも、作者の主張が垣間みられる。在日ブラジル人のメディア利用史を整理すれば、手紙のやりとりは、極めて一九九〇年代前半的なものであることに気づく。その後は国際通話の価格が劇的に安くなり、やがてはインターネットの普及で、日本とブラジルとの間の連絡手段における手紙の相対的なステータスは急低下することになる。しかし、自筆の手紙には、メールのやりとりにはない独特の個性、温かみ、オーラがある。イシイはそれを熟知しているかのように、数々の手紙に綴られた字をクローザップして画面に焼き付ける。

四人の女性が語るデカセギ体験もまた、極めてパイオニアならではのほろ苦い体験である。その意味では、制作の時期が二〇〇四年ではあるものの、これは九〇年代という、近いようで実は（とくに若世代にとっては）縁遠い過去として急速に風化しつつある時代の「移民の記憶」を映像化した貴重な作品である。

四　表現法の多様化と二世による映画の誕生

日本で流通している（日系）ブラジル人に関する報道や表象は、あくまでもホスト社会の側の都合、利害、視点、偏見、先入観等に支配されている（Ishi 2008）。それだけに、移民の中から表現者が徐々に増えてきたことは、大いに歓迎されよう。本稿で紹介した作品は、その完成度は別として、思いがけない切り口で、移民の体験や日本（人）との関係を描いている。

表現方法や使用媒体の多様化も著しい。演劇、絵画展、写真展などを手がける（あるいは既存の催しに加わる）者も出現し、とりわけブームになっているのが写真撮影である。写真家の組合まで結成され、エスニック・フリーペーパーの誌面等で作品を発表する事例もある。報道写真の撮影で腕を上げ、芸術写真に挑む写真家もいる。

いわゆる「在日ブラジル人一世」による作品は、一部を除いて、ポルトガル語でのみ制作され、ブラジル系のショップや流通網でしか入手できない。その意味では、日本語の字幕付きでDVDが発売されたエリオ・イシイの作品や、日本語とポルトガル語を交えた歌詞が対訳の歌詞カード付きで、一般のCDショップでも購入が可能な天才's MCsの音楽（イシ、二〇〇五）は、新たな地平を切り開いているといえよう。

同胞に向けた傷の舐め合いを乗り越え、ホスト社会に向けて発信するという意味で注目したいのは、日本生まれの（あるいはブラジルで生まれたが日本で育った）在日ブラジル人二世や準二世による映像表現である（イシ、二〇〇七）。今年、大学に入学したルマ・マツバラが中高時代に発表したビデオ作品の『レモン』や『ヒョジョンへ』では、韓国系日本人を名乗る松江哲明の『あんにょんキムチ』などにも通じるアイデンティティ探しが、一人称で、日本語話者の観客を想定して語られる。

ただし、これまで私は表現（者）の出現そのものを肯定してきたが、今後はその表現の中身を吟味し、そのメッセージがいかに在日ブラジル人や日本人に解釈・曲解されているかを、より厳しく追及する必要があろう。現時点では、本稿で紹介した文学・歌詞・映像作品は、どちらかといえば無関心にさらされ、いずれも大きな反響を呼び起こすには至っていない。「同胞」あるいは「コミュニティ」を「代弁」しているかという点については、留意が必要である。

もう一点、注目を要するのは、インターネットを媒介した表現者のトランスナショナルなネットワーク構築に向けた動きである。米国を拠点としたブラジル人作家のアンジェラ・ブレタスの発案で、各国に離散しているブラジル人移民の短編小説や詩を募集して単行本として二〇〇四年に出版した『Brava Gente Brasileira em terras estrangeiras』（「異国の地における勇敢なブラジル人たち」）はブラジルの大手メディアでも話題を呼び、二〇〇五年には第二巻も刊行された。前述したカカズを含め、複数名の在日ブラジル人が共同執筆者として名を連ねている。

最後に、忘れてはならないのは、今年（二〇〇八年）は、日本からブラジルに最初の移民船が渡ってちょうど一〇〇周年が「記念」される、節目の年であるということだ。同時に、一部の人々は、ブラジルから日本への「デカセギ二〇周年」でもあると主張する。これにちなんで、文筆、音楽、演劇、映像などによる新作の企画や、既存の作品の発表の機会が増えている。この動きについても、機会をあらためて論じたい。

参考文献

Ishi, Angelo. 2008 'Between Privilege And Prejudice: Japanese-Brazilian Migrants in the Land of Yen and the Ancestors', in Willis, David Blake & Murphy-Shigematsu, Stephen (eds.) Transcultural Japan, Routledge Curzon.

イシ、アンジェロ（二〇〇二）「エスニック・メディアとその役割――在日ブラジル人向けポルトガル語メディアの事例から」宮島喬・加納弘勝編『国際社会第2巻――変容する日本社会と文化』

――（二〇〇三）「在日ブラジル人にとっての音楽と芸能活動の意味と意義――〝デカセギ移民の心〟を歌ったCDとその制作者の事例」白水繁彦代表研究者『「われわれ」の文化を求めて――民族・国境を越える「エスニック」エンターテイメント　文部科学省科学研究費　報告書』

――（二〇〇五）「「在日」の闘い方――コリアンとブラジル人の接点と相違点」『アジア遊学 76号』勉誠出版

――（二〇〇七）「「在日」になったブラジル人のトランスナショナルな模索」、『現代思想』六月号。

「改革」される多文化主義
――オーストラリアにおける移民政策の変容とネオリベラリズム

塩原良和

一　はじめに――ネオリベラル「改革」と多文化主義

多くの論者が指摘しているように、グローバル化と呼ばれる社会変動にはいくつもの側面がある。そのなかで「ヒトのグローバル化」と「経済（市場）のグローバル化」というふたつの側面に注目すれば、一九七〇年代以降、前者は「多民族・多文化社会化に対応するための国民統合政策としての多文化主義の登場と変化」、後者は「福祉国家理念の影響力の後退とネオリベラリズムの台頭」として、国民国家のなかで顕在化してきたということができよう。

「内なる国際化」などと呼ばれることもある、国民国家内部におけるエスニック・文化的多様性の増大に対応するために、各国の政府はさまざまな模索を続けてきた。一九七〇年代以降の先進諸国においては、多民族・多文化化の増大が同化主義的な国民統合政策を困難にしていったことや、マイノリティの権利獲得運動が活発化したことなどを背景として、国民国家内部のエスニック・文化的多様性を承認し奨励する理念としての「多文化主義（多文化共生）」的な要素を取り入れた政策が定着していった。本章ではこうした国家によって規定され遂行される多文化主義を「公定多文化主義」と呼ぶが、公定多文化主義は当初、エスニック集団の構成員の社会的・文化的市民権を社会保障・福祉政策をつうじて実現していこうとする社会的包摂モデル（福祉多文化主義）として構想されていた（デランティ二〇〇四、モーリス - スズキ二〇〇二）。

いっぽう一九八〇年代に入ると、ネオリベラリズムと呼ばれる、グローバル資本主義に適応するための規制緩和・市場主導の経済社会「改革」志向と、国家の所得再分配機能を低下させる社会福祉政策の抑制傾向、およびそれらに付随する、個人の自己責任を強調する価値規範が世界的に広まっていった。それにともない、税収の確保を前提とした大きな財政支出をともなう福祉国家システムは、市場における経済活動を阻害するものとみなされ「改革」の対象となっていった。

公定多文化主義とネオリベラリズムの台頭はただ単に同時に進行してきただけではない。ネオリベラリズムの拡大は、各国政府による多民族・多文化化への対応を変えつつある。少子・高齢化を背景に、多くの先進諸国は労働力確保の方策としての移民・外国人の導入に積極的になっている。そのいっぽうで、ネオリベラリズムが要求する社会保障・福祉の抑制傾向にもとづき、各国政府は移民・外国人受け入れにともなう政策的支出を最低限に抑えようとする。その結果、出入国管理政策において、学歴や技能、資産、言語能力などに優れているという意味で経済的国益に適う人材であり、それゆえ受け入れにともなう社会的コストが少ない人々を優先的に受け入れるという選別的な移民・外国人受け入れがしばしば採用されることになる。そしてネオリベラリズムの影響によって福祉国家の正当性が揺らいだことは、福祉国家システムに基づく社会的包摂モデルとしての公定多文化主義（多文化共生）のあり方にも影響を及ぼしてきた。

本章では、一九七〇年代から多文化主義を国家理念・政策として遂行してきたと同時に一九八〇年代から本格的なネオリベラル改革を経験してきた国家であるオーストラリアを題材として、ネオリベラリズムが多文化主義を「改革」していったプロセスを分析する。とりわけ、一九九〇年代に起こった公定多文化主義言説の変化が、二〇〇〇年代における移民定住支援政策の「改革」へとどのように帰結し、それがサービスの現場にどのような影響を与えていったのかを明らかにしていきたい。

二　公定多文化主義言説のネオリベラル化

近代オーストラリアはイギリスの植民地として出発した移民国家であるが、一九七〇年代以降は英語圏以外からも多くの移民・難民を受け入れるようになった。そのオーストラリアにおいて先述のような選別的な移民受け入れの傾向が強まったのは一九九〇年代後半であった。それ以前の一九八〇年代半ばにおいて、オーストラリアの公定多文化主義言説は福祉多文化主義を強く志向していた。しかし一九九〇年代になると、公定多文化主義言説は以下のようなかたちで、選別的移民受け入れ政策に適合的なものへと変容していった（塩原二〇〇五）。

第一に、「経済合理主義（economic rationalism）」的思考様式の公定多文化主義言説への影響が明確化してきた。すなわち、オーストラリアの経済的国益に寄与する高度人材としての移民を優先して受け入れつつ、受け入れに際して発生する行政コストを最小限に抑えることが主張されるようになった。また一九九〇年代半ばからは「生産的多様性（productive diversity）」と呼ばれる概念が強調されるようになった。これは、移民の文化的多様性をオーストラリア国民国家にとっての重要な経済社会的資源として活用することを目指す理念であった。

第二に、そうした言説において文化的多様性はあくまでも移民「個人」の資質として語られるようになった。そのいっぽうで「集団」としての文化やエスニシティは脱‐価値化された。つまり、福祉多文化主義において社会保障・福祉サービスの受け皿とみなされてきたエスニック・グループの存在が「国民の分裂」を招く、福祉国家における既得権益への固執者（「抵抗勢力」）とみなされ、認識論的脱構築／政策的解体の対象とみなされるようなったのである。その結果、文化的多様性はあくまで文化的に多様な個人の多様性として国家によって承認されることになる（多文化主義の「個人化」）。いっぽう、「集団」としてのエスニック・グループへの支援は有害無益なものであるとされるか、せいぜい「過渡的」な手段として認められるにすぎなくなる。

第三に、多文化主義の「個人化」の論理は、「個人化」された文化的に多様な人々を個々の多文化的市民としてオーストラリア・ネイションへと「包摂」することを意味していた。それゆえ多文化主義は「個人化」すると同時に「ナショナリズム化」していくことになる。この場合、オーストラリア・ネイションは文化的に多様な国民から構成されている「多文化ネイション」として想定されている。しかし、「包摂」的なネイションを目指すこの言説は、「包摂」されざる人々をネイションから「排除」する言説でもある。多文化主義がもたらした、「包摂」的なネイションの調和を守るという、まさにその目的のために、「国益」にかなわない人々、受け入れに社会的コストがかかる人々を「排除」することが正当化されるのである。

一九九〇年代における公定多文化主義のこうした変化は、同時期に進行していたオーストラリア政府のネオリベラリズム的な「改革」志向の影響を受けていた。経済合理主義や生産的多様性といった論理は、経済的国益にもとづく選別的移民受け入れを正当化するものであった。また、多文化主義の「個人化」の論理は、社会的中間集団としてのエスニック・グループやそれに対する政策的支援に否定的な価値を付与することで、移民・難民をエスニックな紐帯から分断し、企業にとって扱いやすい孤立した労働力として扱うことを容易にする。さらに、多文化主義の「ナショナリズム化」の論理は、高度人材としての移民受け入れによって自分たちの社会的地位が脅かされると感じている一部の主流国民の反発を抑え、当時のハワード保守政権への支持を調達するのに役立つことになった。

三　移民・難民定住支援サービスの「改革」

公定多文化主義言説のこうした変化に引き続き、二〇〇〇年代に入ると移民・難民定住支援サービスの具体的「改革」が志向されるようになった。二〇〇二年八月、連邦移民大臣は既存の移民・難民定住支援サービスの見直しに着手することを発表し、翌二〇〇三年五月に有識者や民間などから募集した提言を移民省がまとめた報告書（*Report of the Review of Settlement Services for Migrants and Humanitarian Entrants*）が公表された。この報告書は、移民省による移民・難民定住支援サービス全般についてデータに裏打ちされたより効率的な計画立案と運用を求めるものであった。具体的には、この報告書は移民・難民定住支援政策の「重点化」と「柔軟化」の推進を提言したということができる。

報告書は、移住者がもつ社会的ニーズの大半はオーストラリア社会一般のそれと大差はないとし、定住支援政策の役割はあくまでも、特別な事情をもつ新規移住者がオーストラリア社会に適応するのを助ける目的に特化するべきであると主張した。この特別な事情をもつ人々は「ターゲット・グループ」と呼ばれ、過去五年以内に難民・人道支援枠か家族移民としてオーストラリアに移住してきた、英語能力の低い人々であるとされた。さらにターゲット・グループのなかでもとりわけ、「小規模新興コミュニティ（small emerging communities）」と呼ばれる、近年急速に増加してきたものの依然として人口規模の小さいエスニック・コミュニティや、他の社会保障・福祉サービスが行き届いていない地方・農村部に住む人々が定住支援政策の対象として優先されるべきであると報告書は提言している。また、当該地域におけるターゲット・グループの状況をじゅうぶんに認識したうえで施策を実施すべきであるとも指摘されている。このように、移民・難民定住支援サービスを特定の対象や目的に「重点化」することが報告書では強調されていた。こうした「重点化」には、政府による他の社会福祉サービスと移民・難民定住支援サービスが重複しないようにすることで行政のコストを抑えようとする意図があり、またそもそも高度人材移民には特別な支援施策は不要であるという前提に基づいている点で、前述の「経済合理主義」的発想に基づいたものであった。また行政コストを最小限に抑えるために、ひとつの組織がより広範囲の地域にサービスを提供することも要望されていた。

いっぽう、ネオリベラル化した公定多文化主義言説における「個人化」の論理も、二〇〇三年の報告書に影響を与えた。報告書では連邦政府の代表的な移民定住支援制度であるCSSS（Community Settlement Services Scheme）の「改革」が提言された。CSSSは、その前身となる制度が一九六〇年代末に開始された移民定住支援サービスを行う民間団体や地方自治体への助成である。報告書では、それまでCSSSの助成対象であった多様なサービスのうち、エスニック・コミュニティ全体を対象とする「キャパシティ・ビルディング」支援の効率性に疑問符が付せられ、CSSSはあくまでも個々の移民・難民向けのサービスを中心に行われるべきであるとされた。また小規模新興コミュニティが増加してきている現状に対応するために、特定のエスニック組織ではなくより一般的な基盤をもつ大規模な組織がサービスを提供することがより効率的であるとされた。さらに、地域におけるターゲット・グループの動態の変化に対応するために、現行では最長三年間である助成期間をさらに短縮することも提言された。

　二〇〇三年の報告書におけるもうひとつの重要なポイントは、従来の移民定住支援サービスの中核を担ってきた組織であるMRC/MSA（Migrant Resource Centre/Migrant Service Agency）に対する「改革」の提言であった。MRC/MSAは移民・難民定住支援の拠点として、一九七〇年代末以来各地に設置されてきた。それぞれのMRC/MSAは独自の施設を有し、さまざまな移民定住支援サービスのためにワーカーを雇用している。従来、MRC/MSAの運営費の大半は連邦政府からの助成金によってまかなわれてきた。報告書は現行のMRC/MSAが多様な移民に対して多様なサービスを提供している点で非効率であると指摘し、ターゲット・グループに対象を絞るべきであると提言した。また、MRC/MSAが提供するサービスは一般的な社会保障・福祉サービスを補完するものであり、エスニック・グループだけに特別なサービスを提供するべきではないとした。さらに、MRC/MSAへの「改革」の提言のなかでもっとも強調されたのが、「コア・ファンディング（core funding）」と呼ばれる助成金制度の非効率性であった。コア・ファンディングは、MRC/MSAの維持管理費（施設費、人件費など）に対して支払われる毎年一定の額の助成金であった。報告書は、コア・ファンディングがCSSSのような競争的資金ではなく、MRC/MSAに独占的に交付される点で不公平であるとし、コア・ファンディングをCSSSと統合して、MRC/MSA以外のサービス事業者も申請可能な新たな競争的助成制度を設立することを提言した。こうした制度を導入して競争を高めることでMRC/MSAのサービスが効率化するとともに、一定の金額が組織に対して毎年自動的に助成されるのではなく一年間〜三年間のプロジェクトに対して助成がなされることで、地域ニーズに応じた「柔軟な」予算運用が可能になると主張された。

四　支援の現場における「改革」の影響

二〇〇三年の提言をほぼ実現するかたちで、CSSSと

MRC/MSAへの助成を統合したSettlement Grants Program（SGP）が二〇〇五年一〇月から開始された。MRC/MSAへのコア・ファンディングは廃止され、MRC/MSAの維持管理費はプロジェクトへの助成金に上乗せして支払われることになった。また、助成を受け取った組織やワーカーは、プロジェクトの実施を数値目標化し、その達成状況を逐一報告しなければならないことになった。

こうした「改革」は、連邦政府が意図したようなサービスの質の向上をもたらしたのであろうか。筆者は、SGPへの制度変更を支援の現場で経験した各地のMRC/MSAのチェアパーソンやマネージャー、SGP（CSSS）ワーカーにたいして聞き取り調査を行った。以下では、そこから得られた聞き取り内容を整理して紹介する。

（一）助成獲得競争の激化と資金運営の不安定化

コア・ファンディングの廃止は定住支援サービスを実施する団体間のプロジェクト助成獲得をめぐる競争を激化させた。聞き取りを行った関係者の多くが強調したのは、競争の激化により組織としての資金運営が不安定化したことであった。

SGPへの制度変更によって、助成をとるために各組織間の競争が激しくなった。その結果、各組織にとって、こうした環境の変化を認識して準備することが非常に重要になってきている（MRCマネージャーE氏）。

契約年数を終えると、ふたたび申請をしなければならないが、更新される保証はない。もしも採択されなければ、職員を解雇しなければならなくなる（MRCチェアパーソンH氏）。

助成獲得競争を強いられたMRC/MSAやコミュニティ組織は、従来の地域社会に根ざした活動から活動範囲を広域化せざるを得なくなる。その結果、主流国民一般をサービスの対象とした社会福祉団体としばしば競合関係となる。しかし、そうした団体は大規模で助成獲得力にも優れているため、小規模なMRC/MSAは不利な立場に置かれることになる。

（二）マネジメント負担の増大

SGPは、プロジェクトの経費に施設の施設費、人件費などを上乗せして助成することで組織の運営経費をまかなう仕組みになっている。このことは、組織の運営やファンドレイジングを担当するマネージャーたちのデスクワークを増加させ、心理的に疲弊させる結果となっている。

これまでコア・ファンディングでまかなってきたインフラなどのコストは、それぞれのプロジェクト助成の中からカバーしなければならなくなっている。マネージャーとしての私の業務の多くの部分が、助成金を探してその助成に応募できるように準備することに費やされている。それには、助成のために新しい事業を考えたり、申請書の準備をすることなどが含まれる（E氏）。

(三) プロジェクト契約期間の短期化

また聞き取り対象者の多くが指摘したのは、SGPへの変更にともない個々のプロジェクトの契約期間が短くなったことである。

現在実施している主要なプロジェクトはいずれも一年間から三年間の契約である。三年あればいちおう成果は出せるが、一年契約では十分な成果を出すことはきわめて難しい（MRCマネージャーA氏）。

SGPではプロジェクト助成金の一部でワーカーを雇用することになるので、これは必然的にワーカーの雇用契約期間の短期化も意味している。ワーカーにとって契約期間の短縮は雇用の不安定化を意味しており、経験やスキルの蓄積を困難にもしている。

かつてMRCのスタッフは五年間の契約期間であった。それが三年間になったが、それでも十分だった。現在、SGPは最長三年間の契約としているが、実際は大半が一年か二年の契約で仕事をしている。わずか一年間では働く人にとっては短すぎる。しかも競争が激しく、人々は一年間のポジションをめぐって競争しあうような状況になっている（B・C氏）。

(四) ワーカーの勤務条件の劣化

支援の現場で働くワーカーたちへの影響は、雇用契約期間の短期化にとどまらない。ワーカーを雇用する立場にあるマネージャーたちからは、フルタイム雇用が難しくなった、雇用できる職種が限定されるようになったといった声が聞かれた。

連邦のファンドの大半が短期契約になった結果、スタッフを確保するのが困難になった。その結果、ワーカーたちの勤務の見通しが不確実になっている（E氏）。

かつては連邦のグラントでコーディネータ、ワーカー、コミュニティ・プロジェクト・オフィサー、アシスタント・

コーディネータなど幅広い職種を雇用することができたが、いまではプロジェクト・ベースのグラントになったため難しくなった（A氏）。

また、それまで自らのエスニック・バックグラウンドを生かして移民・難民に対する支援をしていたMRCのワーカーたちが、移民・難民以外の人々に対するサービスも実施しなければならなくなっている。さらにワーカーたち自身からは、勤務評価が数値データによって行われるようになった結果、事務手続きが煩雑になったことや、自らの仕事が数値によって評価されることへの違和感を表明する人もいた。

SGPになってから変わったのは、成果報告がますます重視されるようになったこと。職務上のあらゆる活動について、新たに導入されたコンピュータ・システムに四カ月に一回、写真や資料などの証拠とともに細かく報告しなければならなくなった。そのほかにも、さまざまな成果を報告しなければならなくなった（D氏）。

それぞれの職務は形式的なものになってしまった。ただチェックして提出するだけ（元CSSSワーカーI氏）。

（五）クライアントの限定化

連邦移民省は、SGP導入によってより多くの人々にサービスを提供することが可能になると強調していた。しかし、聞き取りを行った支援現場の人々からは、SGPに変わってからサービス対象者がむしろ限定されるようになったという声が多く聞かれた。

移住後五年以内の人々といっても、実質的に移住後二年以内で英語能力の低い技術移民の家族にターゲットが限定されるようになってきている。それ以外の人々への支援をする場合は予算がでない（B・C氏）。

また、SGPへの再編以前からの課題として、永住資格をもたないが支援を必要としている人々や、移住者のなかでもとりわけ経済・社会的に不利な立場におかれている難民申請者に対する公的支援が圧倒的に不足していることが指摘された。SGP（CSSS）ワーカーとして活動する場合、そうした人々への支援は職務として行えない。しかし地域社会における支援活動において、支援を必要とする人々を在留資格によって区別することは困難であり、そのことがワーカーたちにとってジレンマに感じられている。

難民は複雑で痛みを伴うプロセスだから、適切なサポートがなければトラウマを引き起こす。私のクライアントにもトラウマを抱える人はいた。私はCSSSワーカーとして働いていたが、CSSSでは難民申請者を支援することは職務としてできないので、勤務時間外で行っていた。その数は次第に多くなった（I氏）。

（六）サービスの広域化にともなうコミュニティ支援の困難

MRC/MSAやCSSSにおけるサービスは基本的に広義のソーシャルワークであり、それゆえコミュニティや地域社会に密着した実践がしばしば求められる。とくに従来のMRC/MSAは、地域社会における移民・難民定住支援の拠点、エスニック・コミュニティのネットワーキングの結節点としての役割を果たしてきた。しかしSGPへの制度変更により、助成金を獲得するためにより広範囲の地域で効率的にサービスを行うことが求められる傾向にあり、そのことがMRC/MSAどうしの競合をもたらし、地域社会に密着したエスニック・コミュニティ支援を困難にしているという指摘があった。

MRCのすばらしいところは、コミュニティや地域に根付いた運営をしていること。それが現在では、資金を獲得するために次第に活動を広域化させざるを得なくなっている。その結果、かつては各地のMRCは緊密に連携していたのが、現在ではMRCどうしが生き残るために競合を余儀なくされるようになってきている。MRCが地域とのつながりを失ってしまうのではないかと危惧している（B・C氏）。

（七）政府への批判の難しさ

移民・難民定住支援サービスが政府の助成金に依存することによって生じる問題のひとつとして、スポンサーである政府の方針に対して支援現場から異議申し立てを行うことが困難になることがある。このことはSGPへの変更以後も基本的に変わらないようである。

移民政策について、政府はますますビジネス志向を強めている。また、移民への支援というよりは取り締まりのようになってきている。われわれがそれに対して批判をすると、すぐに予算が減らされる。政府に対して批判的なカンファレンスなどは、政府の資金ではなかなか開けない（B・C氏）。

ただし、SGPは移民定住支援サービス組織に、連邦政府への財源的依存からの脱却を求めるものでもある。聞き取りを行ったMRCでは、どこでも活動の財源における連邦政府への依存度を低くするために、州や地方自治体、民間財団の助成など、さまざまな資金を獲得する努力をしていた。また施設費などの運営コストを削減するための努力も行われていた。このような努力によって各組織の財政的自立度が高まった場合、連邦政府との関係が変化することも将来的には考えられる。

五　おわりに――ネオリベラリズムは、ひとを疲れさせる

本稿では、ネオリベラリズムによる福祉国家システムの「改革」にともない、オーストラリアの公定多文化主義言説が「経済合理主義」「個人化」といった論理を導入しながら、ネオリベラリズムが要請する選別的な移民受け入れを正当化するように再編成されていったことを考察した。そして公定言説のこうした変容を具現化するかたちで、移民定住支援サービスも選別的移民・外国人受け入れに適合的なかたちに「改革」されつつあることを明らかにした。しかも支援現場で働く人々からの聞き取りからは、こうした「改革」は効率性を重視するあまり支援組織の運営を不安定にし、ワーカーたちの負担を増大させ、地域やコミュニティに密着した実践を行うことを困難にしつつあるということが示唆された。

もちろん、公共政策として実施される以上、移民・難民定住支援サービスにおいて効率性は重要である。また、財源的に政府に依存したかたちで遂行される福祉多文化主義にも問題点はあり、その「改革」の是非については評価が分かれるところであろう。ネオリベラルな「改革」言説が大きな影響力をもつ時代のなかで多文化主義（多文化共生）施策をどのように構想していくのか、ということは非常に重要な課題であり、限られた紙幅のなかではじゅうぶんに検証することはできない。だが、最後にあえて、今後の研究の展開のためのひとつの問題提起をしておきたい。

それは、「ネオリベラリズムは、ひとを疲れさせる」という命題である。

日本においても介護労働にかんする研究などですでに指摘されていることであるが、効率性を過度に重視した施策は、現場におけるサービスの質の低下やワーカーたちの負担の増加、事業継続の不安定化を増幅しかねない。本来、移住者定住支援は広義のソーシャルワーク実践であり、他者に対する豊かな感受性や想像力を必要とするものである。効率最優先の政策立案によってワーカーが過度に疲弊することは、支援の現場からそのような感受性や想像力を奪い、他者との連帯に基づき現状を変革していこうとする意欲を萎えさせかねない。とりわけ移住者定住支援のように、マイノリティの人々と向き合い、彼・彼女たちのかき消されがちな声に耳を澄ま

すことが決定的に重要である職種において、この「疲弊」は致命的な結果を招きかねない。

支援の現場で実践する人たちが「疲れすぎず」、想像力と共感をもって当事者と対峙していくためにはどうすればいいのか。日本における「多文化共生」のあり方を考えるうえでも重要なこの課題を、オーストラリアの事例はわたしたちに突きつけている。「改革」がもたらす過剰な「速度」と「効率性」を感じながら生きている人々であれば、それが人々にもたらす「疲弊」について、もっと真剣に考えてみなければならない。さもなければ「改革」は、わたしたちの社会における「共生」や「連帯」への構想力を際限なく蝕み続けていくことになるだろう。

参考文献

ジェラード・デランティ（佐藤康行訳）、二〇〇四、『グローバル時代のシチズンシップ——新しい社会理論の地平』日本経済評論社

ガッサン・ハージ（塩原良和訳）、二〇〇八、『希望の分配メカニズム——パラノイア・ナショナリズム批判』御茶の水書房

テッサ・モーリス‐スズキ、二〇〇二、『批判的想像力のために——グローバル化時代の日本』平凡社

塩原良和、二〇〇五、『ネオ・リベラリズムの時代の多文化主義——オーストラリアン・マルチカルチュラリズムの変容』三元社

「境界線上に存在する者」たち
——時代の変化と労働法的課題

渋谷典子

はじめに

労働法の世界においては、労働の市場化による就業形態の多様化が著しい。それに伴い、労働法が規定してきた「労働者」の定義も揺らいでいる。これまで、「人が雇用されて働くうえで発生する問題を法的に解決するためのシステム」（土田・豊川・和田、二〇〇五、一頁）として、労働法は機能してきた。労働法の適用対象となるかどうかについては、一般的に、労働契約の有無にかかわらず、「使用従属性」と「対価性」の有無で判断されている。その判断枠組みをふまえ、「労働者」と「自営業者」を二分してきた結果、労働法の「境界線上に存在する者」が増加している。具体的には、次のような四つのパターンの就業者である。

第一は、「雇用と自営の境界線上に存在する者」である。労働者に類似するがしばしば非労働者として扱われる家内労働者、訪問販売員、フリーランサーなどが対象となる。第二は、「正規雇用と非正規雇用の境界線上に存在する者」である。パートタイム労働者・有期雇用労働者・派遣労働者などとして長期にわたって同一の企業と契約を継続している者が対象となる。第三は、「公務労働と民間労働の境界線上に存在する者」である。New Public Management（ＮＰＭ）を理論的支柱として公務の民営化が進行することにより公務労働に参入する組織が増加し、その組織に属する就業者が該当する。第四は、有償ボランティアとしてＮＰＯ活動に取り組む「ＮＰＯにおける有給労働と無償ボランティアの境界線上に存在する者」である。

本稿では、これらの四パターンの就業者について、「境界線上に存在する者」という一つの共通認識をもって従来の労働法を検討する。特に、公務労働と民間労働の境界線上およびＮＰＯにおける有給労働と無償ボランティアの境界線上という二重の境界線上に存在する女性たちについて着目する。この問題意識は、筆者自身がその存在であることから生まれたものである。

一　「境界線上に存在する者」たちの現状

（一）「雇用と自営の境界線上に存在する者」

雇用といった視点からは場所・時間・働き方の拘束の緩い者が、自営といった視点からは特定企業等との経済的依存度の高い者がそれぞれ増えている。

専門職、技術職にある人材をはじめとして、いわゆる外部労働市場において人材の流動化が進行し、人件費節約等を理由に、企業による自営業者への業務委託が進行している。他方、就業者の側では、企業での長時間就労に対して、自営業への転身を希望ないし受容する者たちが増加し人材の流動化が進んでいる。具体的な職種としては、「タクシー運転手」や「生保レディ」など最低保障額の低い歩合給労働者であり、この最低保障額が低い労働者は、請負労働性、すなわち自営的要素が高いとされている。また、フランチャイズ店の店長、俳優・舞踏家・演出家、出版・広告・マスコミ業界、ソフトウエア・ゲーム業界、運輸業界、自営型テレワーカーなど、一社専属的な契約をしている者もあり、主な収入源を一人の契約相手に依存しているため「経済的従属（依存）ワーカー」とも呼ばれている（労働政策研究・研修機構、二〇〇四）。

（二）「正規雇用と非正規雇用の境界線上に存在する者」

「労働力調査特別調査」（二〇〇五年の総務省統計局調査）によると、民間分野においては二〇〇六年一月から三月期の就業者五〇〇二万人のうち、正規雇用者は六六・八％（三三四〇万人）であるのに対し、パート・アルバイト、契約社員、派遣社員等の非正規雇用者は三三・二％（一六六三万人）を占め、雇用者のうちの三人に一人が非正規雇用者である。雇用者に占める非正規雇用者の比率を一九八五年から二〇〇五年の推移でみると、二〇年間で男性は六・八％から一六・八％となり、女性は三一・一％から五〇・二％へと男女ともに大幅に増加している。

特に、女性の場合（二〇〇五年）、二人に一人が非正規雇用者であるという実態がある。こうした状況に伴い、例えば、疑似パートや偽装派遣、有期労働契約で更新回数が多いといった「正規雇用と非正規雇用の境界線上に存在する者」としての女性が増加し、労働法の枠組みから見えにくくなっている。その要因として、男性中心の企業社会では長時間労働が求められ個人的な事情を勘案しない転勤や配転に応じることなどが要求されるフルタイムでの労働が主流であること、家事・育児・介護といったケア・ワークを担うという前提をもたない労働環境が続いている現状があることがあげられる。

（三）「公務労働と民間労働の境界線上に存在する者」

民間分野と同様に、公的分野においても非正規雇用者が増加している。公的分野である自治体においては、非常勤や嘱託といった身分で多くの非正規職員が働いている。非正規職員の形態は自治体によってまちまちであり、法制度の適用や解釈にも違いがみられるなど、必ずしもその位置づけは明確になっていない。一般的に、自治体においては任用という制度で正規職員が採用されており、正規職員は民間企業における私法上の契約関係ではなく公法上の任用関係にある。非常勤や嘱託といった身分で働く非正規職員は任用関係にない。そのうえ労働法が適用されていない場合もある（西村・小嶌・加藤・柳屋、二〇〇三）。つまり、「公務労働と民間労働の境界線上に存在する者」として、民間の「正規雇用と非正規雇用の境界線上に存在する者」と同じく労働法の枠組みから見えにくくなっている。

例えば、東京都内の自治体正規職員に対する非正規職員の比率をみると、正規職員の半数を超える自治体が一市、全産業の非正規労働者比率である三三・三％を超えている自治体が二一自治体に上った。自治体によっては、人件費が物品費から支出されているケースもあるといわれ、非正規職員の実態について掌握が正確になされていないことも明らかになってきている。さらに、非正規職員（一般事務）の平均時間給は八五一・一円と低くおさえられており、契約条件により労働保険や社会保険の適用がなされていない自治体もあった。また、自治体が活用してきた非常勤や嘱託といった非正規職員から、派遣や委託への切り替えが目立つようになり、料金を競わせて最も安価な金額を提示した業者と契約を結ぶといった競争入札制度が適用され、派遣料金や委託料金は急激な値崩れ状態となっている事実も明らかになっている（永山・自治体問題研究所、二〇〇六）。

一方、地方自治法の改正により自治体の公的施設の運営業務を民間にアウトソーシングする指定管理者制度が導入され、公的施設の運営を民間が担うケースが増えてきている。その結果、同じ自治体の業務に従事する者であっても、自治体の直営事業であるか否かという違いによって、その身分扱いや労働法規等の適用関係が根本的に異なる事態が発生している。

（四）「NPOにおける有給労働と無償ボランティアの境界線上に存在する者」

二〇〇七年三月現在、NPO法に基づき認定されたNPO法人（以下、NPO）数は三万を超えた。NPO活動が発展してきた経緯として、市民の価値意識の変化や資本主義の構造変化、政府の役割変化があげられている（賀来・丸山、二〇〇五）。

ＮＰＯは、民間企業とは異なり多様な活動形態で担われている。ＮＰＯでの活動者を大まかに分けると、労働の対価を受け取る者と受け取らない者に分けられる。具体的には、労働の対価を受け取る者として一般の労働市場と同等の賃金設定の有給労働者と一般の労働市場より低い賃金設定の有給労働者が存在し、労働の対価を受け取らない者として経費や謝礼的な金銭を受け取る有償ボランティア・交通費等実費支給の有償ボランティア・無償ボランティアが存在している（労働政策研究・研修機構、二〇〇四）。労働法の観点から問題となるのは、経費や謝礼的な金銭を受け取る有償ボランティアと交通費等実費支給の有償ボランティアであり、労働法の保護（労働保険、社会保険、最低賃金、均等待遇など）が受けられない状況がみられる。

（五）「境界線上に存在する者」と労働法

「境界線上に存在する者」の四つのパターンを労働法の視点から捉えると、「雇用と自営の境界線上に存在する者」および「正規雇用と非正規雇用の境界線上に存在する者」については裁判事例も多く、判例やデータの蓄積が進み議論も積み重ねられていることから、社会的な視点で可視化されつつある。

対して、「公務労働と民間労働の境界線上に存在する者」および「ＮＰＯにおける有給労働と無償ボランティアの境界線上に存在する者」については、存在自体が雇用といった視点でとらえにくいことから、裁判事例もほとんどなくデータ集積も開始されたばかりであり、未だ可視化されにくい状況が続いている。

こうした実情をふまえ、公務労働と民間労働の境界線上およびＮＰＯにおける有給労働と無償ボランティアの境界線上という二重の境界線上に存在している者たちとして、公的施設の管理運営業務を担う指定管理者制度に参入したＮＰＯ活動者に着目する。

二　指定管理者制度にＮＰＯが参入する意義

（一）指定管理者制度とは

そもそも、指定管理者制度とはどのような制度なのであろうか。二〇〇三年、地方自治法が改正され、公的施設（保育所、病院、会議場、公民館、図書館、都市公園、体育館など広範なもの）の管理を民間が担うことができる指定管理者制度が導入された。改正前には、公共団体、公共的団体、政令で定める出資法人に限られていた施設管理の委託先が民間に開放され、民間企業やNPO法人などへも門戸が開放されることとなった。また、指定管理者の選定は原則として公募の企画提案型（公募プロポーザル）で行われ、審査委員会等を経て、議会の議決で決定される。また、「契約」（委託契約）から「指定」（行政処分、管理権限の委任）に変わり指定管理者が担う業務の質と量が拡大した一方、指定期間が設定されることによって、その期間が終了するごとに改めて選定の手続き（公募プロポーザル）を行うことになっている。

制度導入前から、指定管理者制度についてはさまざまな問題が指摘されている。この制度は、総務省通知（二〇〇三年七月十七日総務省自治行政局長）で「事業計画書の内容が、施設の効用を最大限に発揮するとともに、管理経費の縮減が図られるものであること」と明記されており、経費節減と効率性に重点がおかれている。そのため、指定管理料が安く抑えられるといった問題点があげられる。さらに、利潤を追求する株式会社に委ねると、公的施設の設置目的にそった住民の諸権利の保障（たとえば、情報公開、平等利用、個人情報保護など）や自治体の責任の後退になるといった問題点もあげられている（自治体アウトソーシング研究会、二〇〇五）。労働法の観点からは、指定管理者職員の非正規雇用化や低賃金化、指定期間終了時の解雇問題が生じるといった問題点がある。

（二）NPO法人と株式会社

こうした問題点をふまえ、指定管理者となりえる民間組織として株式会社とNPO法人をとりあげてみる。市民にとって身近な存在はNPO法人であるが、NPO法人には身近であるというだけではない公共的意義があるといえよう。

第一に、経済的利益主導ではないことがあげられる。NPOは社会的な使命を達成することを目的とする非営利「組織」であり、収益を上げる事業を行っていないというわけではないが、収益が出ても構成員に分配せず団体の活動目的を達成するための費用に充てる「組織」である。一方、株式会社は、その構成員である株主への利益分配を前提としていることから、ともすれば、指定管理者業務の公共的側面を無視してでも、利益目的の行動をとる危険性が排除できない。第二は、NPO法人は単に株主からだけの監視が行われる株式会社と異なり、広く社会一般に対する情報公開が求められていることから市民全体がその活動を監視できるようになっている。指定管理者が管理運営を行う公的施設は、市民誰もが利用することができることが大前提であるから、施設管理に関する情報公開は重要な事項である。第三に、株式会社と比べて、NPO法人は当事者性をいかした市民ニーズにきめ細かく対応したサービスを実施できることではないだろうか。NPO法人を構成するのは施設の利用者である市民自身であることから、指定管理者として提供するサービスにすばやく的確に反映することができる（村尾・澤、二〇〇七）。

ＮＰＯが指定管理者として公務に参入する意義は、「公務・公共部門の民主的拡充の重要性を強調することは、ＮＰＯや労働組合・消費者団体など公務・公共団体以外のセクターが国民の権利保障という公共的業務の一翼を担うことを否定するものではない」（二宮・晴山、二〇〇五、一〇九頁）という認識もあることから、市民の視点をもって公的業務に参画する手段として位置づけられるといえよう。

三　日々の実践からみえてきた課題

こうした背景のもと、筆者が代表理事を担当するＮＰＯ法人参画プラネット（以下、参画プラネット）は、二〇〇六年四月に公的施設（名古屋市男女平等参画推進センター）の指定管理者となった。同様のセンターが男女共同参画を推進するための拠点施設として全国各地に設置されており、ＮＰＯが指定管理者を担当しているケースが他の施設と比較しても多い。とはいえ、「指定管理者としての活動が主権者としての住民参画の形態であれば評価ができるが、実際にはＮＰＯ法人の労働力を安上がりに活用するための方策にすぎないのではないか」といった危惧の声があがっており、さらには「センターの指定管理者となっているＮＰＯ法人のスタッフは、ほとんどが女性である。働く場において男女の均等待遇を推進するはずの拠点施設が女性の労働力を安価に活用しており、ねじれ現象になっているのではないか」といった批判もある。

そこで、参画プラネットが指定管理者を担当した二年間の日々を振りかえり、向き合ってきた課題を提示したい。

まず、開始段階の課題として、人件費や事業費、外部委託費などすべての分野においてコストを削減して指定管理料を設定したことがあげられる。男女共同参画の推進が阻害されるような団体が指定管理者となる可能性を想定し、参画プラネットが指定管理者として参入することを第一の目標としたためである。そのため、施設管理といった重責を果たすスタッフや、男女共同参画の専門的知識を必要とする事業企画を担当するスタッフに対して、十分な人件費を支払うことができない状況になっている。また、この二年間、修繕費や光熱費など予測がつかない事態への対応により財源不足に陥る可能性もあった。現状では、深刻な事態となっていないが、施設の老朽化に伴う修繕費の負担増や気候の変化による光熱費の増加などが起きた場合、そのしわ寄せは最終的に人件費で調整するしかない状況である。

次に、雇用の課題がある。指定管理者事業は期間の定めのある事業である。本来であれば正規雇用でスタッフを採用したいところであるが、指定期間があることから、有期雇用で採用している。そのため、将来に希望が持てる安定した雇用ができないうえに、国が正規雇用者向けに提供している数々の助成金（例えば、試行雇用（トライアル雇用）奨励金、特定求職者雇用開発助成金など）を受けることができない。こうした正規雇用者を対象としている国の政策は、参画プラネットにとっては「絵に描いた餅」である。さらに、団体として非正規雇用者の増加に寄与している事実を前に、労働法研究者として自問自答する日々が続いている。

さらに、指定期間の終了時には、再度、指定管理者を公募し審査が行われるため、常に審査基準を意識した運営を心がける日々が続く。特に、センターの利用者数や事業への参加者数といった量的な指標に基づいた成果を意識した運営になりがちである。本来であれば、センターの設置目的である男女共同参画の推進という政策を達成することが目的であるにもかかわらず、指定管理者事業を継続することが目的化してしまう可能性を抱えている。参画プラネットがセンターの指定管理者となった理由は、当法人のミッションである男女共同参画を推進するという目的とセンターの設置目的が重なったからである。男女共同参画の推進という目的のために指定管理者となったのであり、指定管理者への参入はあくまでも手段として位置づけられるはずであるが、現状はどうであろうか。

最後に、参画プラネットが次期の指定管理者に選定されなかった場合、指定管理者業務の引き継ぎ先はどこで、どのようにするのであろうか。細分化された業務の引き継ぎ作業に費やされる時間と労力、そして団体が培ってきたノウハウまでも他団体へと引き継ぐ必要があるのか。さまざまな疑問がわいてくる。

四　労働法、そして、そこからつながる課題へ

一方、この二年間で労働法そのものの課題とそこからつながる課題も浮き彫りになってきた。

第一は、指定管理者が行う業務は、公的機関で行っていた事業そのものであるが、公的機関の中では公務員関連法令によって保護または規律された公務員が行っている。対して、指定管理者の業務に携わる者は公務員関連法令の大半が適用されず、民間の被雇用者に対する労働関連法令が適用されることになっている。そこで、ＮＰＯが公務労働に参入した場合には、公務労働との均等待遇が課題となってくる。「行政が不可能な部分を補填したり、営利性が低いため企業が参入しない分野で事業を展開したりするところにＮＰＯの存在意義がある」という認識が社会で広まりつつあるため、公務労働のサブシステムとしてＮＰＯが活用されることなどによっ

て活動者の就業環境の悪化が懸念されることも否めない。特に、ＮＰＯ活動者の場合は、公務労働と民間労働の境界線上およびＮＰＯにおける有給労働と無償ボランティアの境界線上という二重の境界線上に存在している。今後、公務労働の民営化が進むなかでコスト削減による労働の低賃金化が起きないよう、自治体が公的分野を担う者に対して公正な賃金と労働条件を確保する方針を明確に打ち出す「公契約条例」の検討が重要な政策課題となる（永山・自治体問題研究所編、二〇〇六）。

第二に、社会保障が課題となる。ケア・ワークを担いつつ社会参画を目指す女性の場合、週四〇時間の就業（一般的には正規雇用という形態）は負担が大きく、短時間での業務を希望する場合も多い。このような状況で社会保険（厚生年金、健康保険）への加入を希望すると短時間での保険料設定はなく、本人負担も事業者負担もどちらも高額となる。また、正規雇用者の就業時間の三分の二以上の就業時間が必要であるといった規制もあり社会保険への加入が困難な状況もある。ＮＰＯ活動者が「ＮＰＯにおける有給労働と無償ボランティアの境界線上に存在する者」と認識されている場合にはボランティア保険が活用されるなど、労働保険（労災保険・雇用保険）への加入がされていない実態もある。

第三は、公務労働そのものについての課題である。いわゆる、公務の民営化の問題である。従来公務員が担っていた「公務」がさまざまな形で民間部門の業務に転換されようとしている。公務と民間の境界があいまいとなり、公務員の担う業務の範囲が縮小されつつある状況があげられる。これは「量的民間化」として公務員削減と結びついた方策として位置づけられている。たとえば、公務の民間業者への委託（指定管理者制度）、特定部門の独立行政法人化、自治体における保育、福祉、学校給食、病院、水道、都市交通などの民営化があげられる。このような背景のもと、「量的民間化」がさらに進行していくならば、公務労働として残るのは、職務内容が公権力行使の性格をもつなど、民間とは大きく性格の異なった部門にしぼられていくことになる（西谷・晴山・行方、二〇〇四）。そもそも公務とは何か、公務労働とは何か、それぞれの業務はなぜ公務員によって担わなければならないのか。根本的に問われる時代がやってきている。

おわりに

最後に、参画プラネットの活動を通して生まれてきた新しい労働の可能性に言及することで論を締めくくりたいと思う。

実践の場である参画プラネットの活動では、指定管理者事業の場を活用して、短時間労働とワークシェアリングといった手法で「新しい働き方」が定着化しつつある。これまで労働への参加が困難であった女性たちが「労働者」として社会へ参入することができ、さらには、この「新しい働き方」を活用して社会とつながった女性たちが次のステップ（たとえば、自治体の相談員として就職する、資格を取得する、大学院へ入学するなど）を踏み出す事例もみられるようになった。NPOが指定管理者になることで、新たな機会と可能性が生まれているといえよう。

そこで、こうした可能性を生み出した「新しい働き方」について紹介したい。まず、参画プラネットは「新しい働き方」を具現化するために、指定管理者の業務のすべてを棚卸しジョブ・ディスクリプション（業務内容の文書化）を明確にした。そのうえで、この事業に関わるメンバーへのヒヤリング（内容は、①この事業に関われる時間数と時間帯、②一か月に必要な対価、③取り組みたい業務内容という三点）を実施した。ヒヤリング終了後、メンバーからの申し出を調整し、再度、担当者を明確にしたジョブ・ディスクリプションを作成した。従来の日本企業では、社員がすべてそろって仕事をするか、あるいは企業主体でシフトが組まれて仕事をする状況であろう。対して、参画プラネットは、業務に関わるメンバーが主体的に活動可能な時間帯を決定できる働き方（当事者主体という発想から「カスタマイズされた働き方」と命名）を実現した。ただし、この「カスタマイズされた働き方」を順調に動かしていくためには、メンバー全体の要望と組織運営をポジティブに調整する「コーディネーター」の存在も必須であることを明記しておきたい。

現在、「カスタマイズされた働き方」を活用して、社会参画をするメンバーは、ほとんどが女性である。その背景には、次のような社会的な現状がみられる。今日、NPOへの注目が高まることにより、インフォーマルで見えにくいために評価されにくかった活動内容や「活動者」が社会的に評価されるようになった。同時に、「市民」像がこれまで男性に偏った内容で規定されてきたことへの反省が求められ、新たな「市民」概念を構築する研究も盛んになっている。これまで、「市民」の中心に位置づけられていたのは長時間労働が可能なフルタイムで働く男性世帯主に代表される「市民」であり、女性は「市民」との境界線上に位置づけられていたといっても過言ではない。育児支援、配食サービスや介護サービスといったケアに関する領域では、従来、女性たちが主にボランティアとして活発に活動していた経緯もあり、この分野のNPOでの女性の活動が際立っている。職業の場で役職に就く機会を逸したにもかかわらず、NPOがその場を提供している状況も多く、境界線上に位置づけられていた女性たちが「市民」としてNPOに参画し自らのキャリアを高めている。

「カスタマイズされた働き方」を実践している参画プラネッ

トでの「活動」は、ケア・ワークと働くことを両立したい女性にとって新たな選択肢となっている。今後は、女性だけの選択肢であるだけに留まらず、男性にとっても選択が可能となるよう変化を遂げることにより、ワークライフバランス（仕事と他の活動との調和）といったキーワードのもと、社会全体の労働の変革へとつながる可能性もある。

ＮＰＯの台頭により市民社会と公共の関係性が問われる時代となった。こうした変化の認識のもと、国や自治体は公共の立場を自覚し、公共財の提供や法制定をするといった責任を果たしているのであろうか。労働法の分野に対しては、公共的でありながらも非営利的な労働や社会的な視点で考えるべきケア・ワークが重要視されることを求めたい。時代に即した法構築が課題となり、法制定過程では国や自治体の役割は必須であろう。特に、「境界線上に存在する者」を社会的に明確化する労働法の視点が求められる。「境界線上に存在する者」を可視化しメンバーシップを与えることは、すべての人々に機会が付与されると同時に、同等の権利と義務が発生する。労働法という実態が存在する法分野からアプローチすることは、生存権や人権といった実態が伴う変革となる。

現状のように、市場に任せて規制緩和を促進していくことは「境界線上に存在する者」だけでなく、「境界外に存在する者」を増加させることにつながる。「境界線上に存在する者」も「境界外に存在する者」のどちらもが労働法からの保護といった権利を得るためのメンバーシップを持てなくなったとき、労働法の存在意義が問われるはずである。

これまでの労働法は、「労働者」性と「労働者」概念を基にして「働くこと」に関わる人々を分断し、「見えない、見えにくい」存在を創出してきたのではないだろうか。「働くこと」に関わる人々の存在を明確化し、「就業者」「就労者」といった新たな「労働者以外の存在」として各種の立法における保護を確立することこそが、今、求められている。今後は、労働法構築について、国として取り組みをふまえ、市民社会の視点からの研究を継続していきたいと考えている。筆者自身、ＮＰＯでの実践を礎にしつつ「境界線上に存在する者」としての立場から。

参考文献

浅倉むつ子、二〇〇四、『労働法とジェンダー』勁草書房
上野千鶴子、二〇〇六、『生き延びるための思想――ジェンダー平等の罠』岩波書店
小野晶子、二〇〇五、『「有償ボランティア」という働き方――その考え方と実態』
賀来健輔・丸山　仁編著、二〇〇五、『政治変容のパースペクティブ――ニューポリティクスの政治学Ⅱ』ミネルヴァ書房
自治体アウトソーシング研究会、二〇〇五、『改定版　自治体アウト

ソーシング』自治体研究社
渋谷典子「ＮＰＯ「活動者」と労働法についての予備的考察――ジェンダー視点を踏まえて」、二〇〇七、『ジェンダー研究』第一〇号 東海ジェンダー研究所
土田道夫・豊川義明・和田 肇、二〇〇五、『ウォッチング労働法』有斐閣
中窪裕也・野田 進・和田 肇、二〇〇五、『労働法の世界』有斐閣
永山利和・自治体問題研究所編、二〇〇六、『公契約条例（法）がひらく公共事業としごとの可能性』自治体研究社
二宮厚美・晴山一穂編著、二〇〇五、『公務員制度の変質と公務労働――ＮＰＭ型効率・市場型サービスの分析視点』自治体研究社
西谷 敏・晴山一穂・行方久生編、二〇〇四、『公務の民間化と公務労働』大月書店
西村健一郎・小嶌典明・加藤智章・柳屋孝安編、二〇〇三、『新時代の労働契約法理論』信山社
村尾信尚監修・澤 昭裕編著、二〇〇七、『無名戦士たちの行政改革――ＷＨＹ ＮＯＴの風』関西学院大学出版会
労働政策研究・研修機構、二〇〇四、『就業形態の多様化と社会労働政策――個人業務委託とＮＰＯ就業を中心として』労働政策研究報告書NO.一二
労働政策研究・研修機構、二〇〇六、『ＮＰＯの有給職員とボランティア――その働き方と意識』労働政策研究報告書NO.六〇
労働政策研究・研修機構、二〇〇七、『ＮＰＯ就労発展への道筋――人材・財政・法制度から考える』労働政策研究報告書NO.八二

column

行政と市民の協働の実践

中山正秋

「歩こう文化のみち」の事例

名古屋城から徳川園の地域を「文化のみち」と呼ぶ。その真ん中に、名古屋市の指定した白壁・主税・橦木の町並み保存地区がある。十年ほど前に行政（名古屋市及び東区役所）主導のワークショップから始まった「歩こう文化のみち」のイベントは、

やがて実行委員会方式に変わって市民主体の組織に成長した。二〇〇六・二〇〇七年と「歩こう文化のみち」の日（一一月三日）の参加者数も一万人を超え、文化の日のイベントとして完全に定着した感がある。行政と市民の協働の成功例に挙げることができよう。

私はその地区内の高等学校で日本史を教えているが、総合学習の一環として生徒たちを地域と結びつけたいという想いから「東区まちそだての会」という市民組織に参加し活動してきた。日常の総合学習でのまち歩きや、「歩こう文化のみち」の日には吹奏楽部の演奏会や茶道部の茶会を企画している。まちを歩くことで積み重なった歴史や文化、今取り組まなければならない課題も見えてくる。

さて、この十年の歩みを振り返ると、行政との軋轢も様々にあった一方で、その壁を市民組織がうち破っていった場面も数多かったように思う。たとえば我々は、町並み保存地区に人力車を走らせようという提案をし続け、行政の慎重な姿勢に風穴を開け、四年前から人力車を走らせることに成功した。また、商店街と連携しようという提案をし、スタンプ・ラリーのポイントにいくつもの店舗が協力してくれるようになった。文化財に指定されている寺院とも折衝し、当日一般公開していただくようにもなった。名古屋市にも文化財登録されている市役所の庁舎開放を要求し、貴賓室と正庁の公開も実現した。行政の側も積極的に取り組み、メインルートへの車の立ち入り規制や、JRの「さわやかウォーキング」企画との提携も一昨年から実施されている。高校生や一般人へのボランティア募集も、行政の働きかけで実現し成功している。

「橦木館」の事例

「文化のみち」の中心区域に、大正末期の建物が改築されることなく残っていた。名古屋市の文化財に指定された「旧井本為三郎邸」である。空き家になっていたが、

当主の好意で喫茶や建築事務所に利用する店子に貸し出され、多くの人々がそこに集うようになった。人々に愛され利用されてきたこの建物は、「橦木館」と名づけられた。「橦木館育み隊」という市民組織により音楽会・演劇・落語会・フリーマーケット等々、様々なイベントが企画された。しかし、店子との貸家契約が終了し、遺産相続の処理を図りたい当主は土地を処分することを決意された。橦木館を愛する人たちは、存続を願いつつも事態の展開を見守るしかなかった。一方で当主の了解を得て、いくつかの市民組織が連携し、「橦木倶楽部」というボランティアによる管理組織を結成した。そして残された期間だけでも屋敷と庭園を美しく維持し、一般市民に公開しようという活動を続けた。

奇跡が起こった！　長年にわたる市民による活用の実績を名古屋市が評価し、土地交換という手法で、二〇〇七年春、宅地を名古屋市が取得するという英断が下されたのだ。

現在、橦木館は暫定的に一般公開されている。耐震工事などの修繕をへて、二〇〇九年春には指定管理者が決定され、公開される手はずとなっている。民間の屋敷を寄付以外で行政が取得するというのは、全国的にも珍しい事例ではないだろうか。

今後、橦木館をどのように運営・活用していくかについては、行政側と（現在暫定管理を請け負っている）ＮＰＯ法人橦木倶楽部や東区まちそだての会など市民組織との間で話し合いが重ねられている。橦木館を単なる観光施設としてではなく、市民の共有財産として、市民に開かれたコミュニティ空間にできるよう調整が続けられている。行政と市民組織の協働という試みが、より良い成果を生み出すことができるよういっそうの努力を積み重ねたい。

金シャチはミッドランドスクエアの夢を見るか？

西山哲郎

「都市軸」という言葉がある。

暗黒の中世から西洋の都市が近代化していく過程で、城壁や猥雑な街路が破壊され、一望監視のできる広大なスペースが縦横に穿たれた。それ以降、模範的な近代都市では個々の建築に先立つ大通りが人々の生活を合理的かつ審美的に秩序づけるようになったが、その通りを「都市軸（Axe majeur）」と呼ぶ。

だが日本では、広大な千代田城を中心に抱え込む首都東京は明確な都市軸をもつことができなかった。むしろそれは大阪の御堂筋や札幌の大通公園で実現されたが、そのスペースは市民の反逆を監視して抑え込むためというより、空襲に代表される火災の恐怖から逃れるために建設されたものである。

名古屋でも、戦災からの復興に際して百メートルの道幅を誇る大通りが東西南北を十文字に切り開いた。都市軸の建設と同時に、当時の市街区域から寺社や墓地が一掃され、市の郊外に集められた。尾張徳川家の遺風は鉄筋コンクリート化した名古屋城を除いて吹き飛び、教会には手をつけなかったパリのオースマン以上の近代化がここに実現される。

近代の徹底は、しばしば周縁において実現されるものだが、そこに住むことは生身の人間にとって楽なことではない。名古屋の住民は百メートル道路を自慢に思いながらも、そのはずれで、あるいは地下街に潜むことで、かろうじて生を享受してきた。

しかし、ある意味で千代田城以上に忌避されてきた名古屋の都市軸は、二十一世紀に入ってようやく開拓されはじめている。

建設途上の名古屋の都市軸
(1959年、写真提供：中日新聞)

そのひとつには「にっぽんど真ん中祭り（どまつり）」の貢献がある。高知の「よさこい祭り」に端を発するこの都市型祝祭は、その歴史を見失いつつあった名古屋に非常に適していた。長年放置されてきた大通りは、たとえ年に一度でも人々の熱気に充たされるようになった。

もうひとつ、名将落合を擁して成績好調の中日ドラゴンズも、優勝パレードや噴水への飛び込みを喚起することで都市軸を彩っている。昭和三十年代そのままのコンクリート地のテーブル噴水は、ドラゴンズが優勝でもしなければ通りの真ん中でただむなしく水を噴くだけだろう。

中日ドラゴンズは二〇〇七年に通算二度目の日本シリーズ制覇を成し遂げたが、その年の優勝パレードは今の名古屋を象徴するランドマーク・ミッドランドスクエア（豊田・毎日ビルディング）のある名古屋駅を起点に、都市軸たる久屋大通公園で終わった。しかし五十三年前に起点となったのは（都心から堀を隔てた）名古屋城脇にある中日新聞本社ビルであり、市中を円環状に網羅した後、中日球場にパレードは消えていったものだった。

この二つの経路の違いは、おそらく名古屋という都市の生命線の変化を示している。空間編成において近代化の先行しすぎたこの都市は、世界一の生産を誇る自動車会社・トヨタ（ミッドランドスクエアの共同オーナーでもある）の勢いに乗って、ようやくその都市軸を生かしつつある。

ここしばらく常にリーグのトップを争う中日ドラゴンズは、星野仙一投手が現役だった頃とは違い、そのファンの大人しさが印象的なチームだ。現在の本拠地、ナゴヤドームから試合後に出てくる人の流れを見ても、どちらのチームが勝ったかを言い当てるのは難しい。平日の夜にどんなにゲームが白熱しても、ものづくりの街の住人は午後九時をすぎると明日の仕事を考えて家路を急ぐ。

そんなドラゴンズファンも、日本シリーズ制覇のようなハレの日には都市軸で熱狂を示すことができる。監視カメラが街中に潜む昨今、たとえ地下でも都市に視角はなくなった。「どまつり」もそうだが、ユニフォームを身にまとい、都市軸に広がる群衆に整然と一体化することは、今や都市市民の匿名性と自由を回復させる稀有な機会となっているのかもしれない。

Ⅳ　市民による文化ムーヴメント

カルチュラル・スタディーズの文献を読んでいると、cultural politicsというフレーズに出くわすことがある。素直に訳せば「文化的政治」という日本語になり、ガーデン・パーティーでワインを飲みながら歓談する政治家たちを連想してしまいそうだ。むろん、語のイメージとは裏腹に、cultural politicsという表現には、さまざまなモノや実践に価値や意味を吹き込む文化の領域は政治への力を体現しうる、という認識が込められている。

文化こそ正に政治の現場である、と第四部の論文は物語ってくれている。

阿部亮吾の「移民演劇は何を語るか――在日フィリピン人コミュニティの挑戦」は、日本国内で四番目に大きいマイノリティ集団のフィリピン人コミュニティが演劇という文化実践を通し、在日フィリピン人としてのアイデンティティを異種混淆的なものとして紡いでいく情景を描いている。「エンパワーメント」とはこのことだろう。

鈴木慎一郎の「〝レペゼン〟の諸相――レゲエにおける場所への愛着と誇りをめぐって」は、日本のレゲエ・シーンにおいてナショナル・アイデンティティやローカル・アイデンティティは既存なものではなく、むしろ、これらのアイデンティティを意味作用的に反転させたり、互いに越境させたり交差させたりする中、新たな政治への力が静かに宿っていっているという可能性を示唆している。

鶴本花織の「ウォーキング・マップに想いを馳せる――名古屋のまちづくりを事例に」は、マップというテキストの行方に思いを巡らす論考である。マップが国民国家の統治に用いられてきたテキストであることを指摘した上で、特に「まちづくり活動」という市民運動を通じて作成されたウォーキング・マップの権力性は、市民の活動が今後政治的に構造化されていくかどうかによる、と指摘している。

文化と政治の絡みが市民によってどう演じられているのか――どのドラマも読み応えのある内容だ。

（鶴本花織）

移民演劇は何を語るか
――在日フィリピン人コミュニティの挑戦

阿部亮吾

「お母さんは多分、フィリピンのこと、全然関心がなかったんだよ。だから、わたしたち、自分たちが本当は誰なのか、今まで知らなかった。」

ご存知だろうか。二〇〇六年は、日本とフィリピンの国交正常化五〇周年という、戦後日比関係の節目の年だった。これを機に官民問わず多くの記念行事が催され、日比関係の新しい一歩が未来に向けて踏み出された。

その年の九月二四日、名古屋の文化小劇場「ちくさ座」にて、とある演劇集団の旗揚げ公演が行われた。演劇集団の名前は「Dulaang Bayan」。Dulaang Bayanはタガログ語で「民衆の劇場」を意味するが、その略称である「DUYAN（ドゥヤン）」は「ゆりかご」の意味となる。この劇団名は、フィリピンが歩んできた五〇〇年の歴史をそのままそっくり言い表している。スペイン、アメリカそして日本と、入れ替わり立ち替わりに植民地支配を受け外圧に翻弄されてきたフィリピンは、まさしく歴史という名の「ゆりかご」に大きく揺さぶられてきた国なのである。

本稿では、この演劇集団が記念すべき第一回目の旗揚げ公演で行った演劇を「テクスト」に取り上げ、移民演劇がかれらフィリピン人に対して何を意味し、そして私たち日本人に何を語るのか考えてみたいと思う。読者の皆さんにとって、多文化共生社会を思慮する一助になれば幸いである。

一　「第四のエスニック集団」の新しい文化ムーヴメント

近代における日比関係史には、一般にいくつかのターニングポイントがあると言われている。第一幕は第二次世界大戦前で日本が貧しく、日系移民がフィリピンへと渡航していた時代。かれらの多くは、ミンダナオ島のダバオでマニラ麻のプランテーション農業に従事していた。太平洋戦争が開戦し日本の占領期と敗戦を経て、一九五六年に戦後の賠償協定が成立してからは、日比間の人材交流が進む。七〇年代半ばのマルコス独裁政権時代には、海外旅行ブームが到来した日本から、男性団体旅行客が大挙してフィリピンに押し寄せた。主たる目的は、フィリピンでの買春だった。八〇年代初頭、「買春観光」や「セックスツアー」だと非難され国会でもこの問題が取り上げられると、フィリピンへの男性団体旅行は下火となり、日比間の人の流れは逆方向に一変する。

日本のフィリピン人人口が急増し始めたのは、ちょうどこの八〇年代に入ってからのこと。八〇年代の後半には、その激増ぶりが「ジャパゆきさん」現象としてセンセーショナルにメディアの話題をさらった。今では差別用語としてあまり耳にすることがなくなった「ジャパゆきさん」という表現は、

出稼ぎのために「ジャパン」へ「ゆく」人々、すなわち日本への移住労働者のことを指す。しかし多くの場合、これはアジアからの、とりわけ初期はフィリピンからの出稼ぎ女性労働者を表す記号だった。日本に働きに来る外国人労働者の少なくない部分が、エンターテイナー（ダンサーや歌手）として日本の風俗産業（パブやクラブ）に働くフィリピン人女性たちだったからである。したがって「ジャパゆきさん」という表現は、ジェンダー化された、ある種セクシャル（性的）な、それでいてレイシスト（人種差別）の匂いがないまぜにされた複雑な記号となっていた。

それから二〇余年、外国人登録者数が二〇〇万人を数える日本で、約二〇万人のフィリピン人は韓国・朝鮮、中国、ブラジル人についで、今や「第四のエスニック集団」と言われている。この間に日本人との婚姻数も増え、かれらは「定住化する外国人」の一翼さえ担うようになった。そのうちのおよそ一〇%、東京についで第二位の二万人が愛知県に住み、六〇〇〇人程度が名古屋市内に居住する。愛知県全体では、トヨタ自動車を筆頭に自動車産業の影響もあってブラジル人が最多数派を占めるが、特に名古屋市においては、かれらを抑えてフィリピン人が「第三の」エスニック集団である（二〇〇六年末現在）。

在名古屋のフィリピン人コミュニティは市民活動も活発

で、フィリピン人移住者センターFilipino Migrants Center（FMC）やフィリピン・ソサエティ・イン・ジャパン（PSJ）をはじめとして多くの団体が躍動する。DUYANは別段、プロの演劇集団ではない。名古屋市内や愛知県内に住む、これら在日フィリピン人が中心のメンバーを構成している。つまりこれは素人の、普通に日本で暮らすフィリピン人たちによる移民演劇なのである。日比国交正常化五〇周年を契機に立ち上げられたこの演劇集団は、はたして名古屋の、愛知県の、そして日本社会のフィリピン人コミュニティにおける新しい文化ムーヴメントの表れとなりえるだろうか。

二 『ゆりかごの歴史――翻弄されるフィリピン』

それではさっそく、DUYANの提供する移民演劇『ゆりかごの歴史――翻弄されるフィリピン』を、物語の順にしたがって眺めてみよう。演劇は全編タガログ語（一部は日本語）で演じられたが、ちくさ座の円形ステージの背後に備えつけられた巨大スクリーンには、タガログ語のセリフ回しに対応した日本語字幕や、物語の展開に合わせた画像が投影される仕組みになっていた。

（一）プロローグ

物語は今からおよそ一〇〇年後の未来。二人の日本人の若者レイコとマリコが、家で古いアルバムを探すシーンから始まる。一〇〇年前の祖父の時代に流行していた（ヒップホップと思しき）ダンスを夢中で踊るレイコに、祖父の何かを発見したマリコが驚いて話しかける。マリコが手にしていたのは、フィリピンのパスポートだった。刻印された祖父の名前は、「シンジ・マナバット・川口」。それを見たレイコは、すかさず口にする。「日系フィリピン人みたい。マナバットは、日本人の名前じゃないよ。もしかして、おじいちゃんはJFCだったの？」。JFCとは、ジャパニーズ・フィリピーノ・チルドレンJapanese-Filipino Childrenのそれぞれ頭文字をとって並べた言葉である。すなわち、日本人とフィリピン人の間に生まれた子どもたちのことを指す。JFCの数は、八〇年代半ば以降、日比間の国際結婚が盛んになるにつれて増加してきた。統計上で把握可能な九二年の一年間に六〇〇〇件弱だった日比国際結婚の件数は、二〇〇五年に年間で一万組以上にも上るようになった。結婚件数の増加し始めた八九年頃を、日比国際結婚「元年」と称する者さえいる。

さて、物語冒頭の二人のやり取りは、この演劇のなかできわめて重要な位置を占める。このエピソードにより、目の前で演じているレイコとマリコの二人が実はJFCの子孫であり、彼女たちは「一〇〇％」日本人でも、また「一〇〇％」フィリピン人でもないことが観客に告げられるのだ。つまり、この物語はのっけから、日本とフィリピン双方のルーツをもつ若者の多文化主義的な様相を描き出そうとするのである。

ところが、ここから物語は二人の一方のルーツであるフィリピンのエピソードへと旋回してしまう。「わたしたち、一〇〇％日本人じゃない。フィリピン人の血もひいているのね！」と言うマリコに、「なんだか面白い！」と応えるレイコ。二人は親から教えられなかったフィリピンの文化と歴史を学ぶため、そして何より「本当」の「自分」を知るために、インターネットを使ったルーツ探しを開始する。最初にたどり着いたのは、スペイン植民地期におけるフィリピンの伝統文化だった。

(二) シーン1　伝統文化の演出

暗転をはさんで、ステージ上ではフィリピンの三つの伝統的な踊りが順番に披露される。一つはティニクリン・ダンス、一つはマグラティック、そしてもう一つはシンキルである。最初に披露されたティニクリン・ダンスは通称バンブーダンスとも呼ばれ、二本の竹棒の間を踊り手が小鳥のようにステップを踏んで踊るダンスである。小気味良い竹のリズムに、観客の心も踊る。ティニクリンは日本でも有名で、まるで「フィリピン文化の象徴」のようになっている（佐竹・ダアノイ、二〇〇六、一五五頁）。かつてはエンターテイナーのショーで披露されたり（石山、一九八九、九四頁）、今では日本の小学校のような地域コミュニティのなかでも行われたりしているようだ。「フィリピンを代表するダンス」と劇中でも説明されたティニクリンを頭にもってくる演出は、ある意味、伝統文化紹介のセオリーとも言えよう。

次に披露されたのは、身体につけたココナッツの殻を男性の踊り手たちが打ち鳴らしながら踊るマグラティック。先の愛知万博でも演じられたこの踊りは、ルソン島ラグナ州発祥の踊りとされ、イスラム教徒とカトリック教徒の争いと和解を演じたものである。男性踊り手たちの勇壮かつダイナミックな所作は、見ているものを釘づけにする。そして最後に行われた演目は、イスラム教の影響を色濃く受けたミンダナオ島起源のシンキルである。躍動感のある前二つの踊りとは違い、静かな物腰のなかにダイナミックな動きのある踊りで、以前私が見たことのあるバリ島のダンスにどこか雰囲気が似ていた。

(三) シーン2　母なる祖国で自由を叫ぶ

伝統文化の紹介が終わると、「もっとフィリピンの歴史が知りたいな」というレイコのセリフとともに、物語は文化色から歴史色の強い展開へと舵をきる。ここではスペイン、アメリカそして日本に植民地支配されてきたフィリピンが、いかに独立を勝ち取ってきたのかが中心的に演じられる。まずはスペインからの独立だ。

スペインは、一六世紀から一八九八年までのおよそ三〇〇年間、フィリピンを植民地としてきた。ステージには、独立運動の指導者ホセ・リサールやボニファシオ、ラ・リガ・フィリピナ(フィリピン民族同盟)やカティプーナン、ホセ・リサールの死やバリンタワックの反乱といった、スペインからの独立運動にとって重要な歴史上の人物・組織・事件が次々に登場する。

一八九八年米西戦争の終結とともにスペインが去って、入れ替わりでやって来たのはアメリカだった。「フィリピンに民主主義を与える」と甘い声でささやく「アンクル・サム」アメリカと、アメリカの誘惑にのるまいとする「母なる祖国」フィリピン。史実では、スペインからの独立運動を展開するフィリピン民衆を支援したアメリカが、裏では米西戦争の勝利によってスペインから有償でフィリピンを譲り受け、次なる植民地主義者として参上する。そのため、スペインからの独立を果たしたフィリピンとアメリカの間で米比戦争が勃発するが、結局のところ一九〇二年にはアメリカの軍事力の前に苦杯をなめることとなる。誘惑者としての「アンクル・サム」と自由を叫ぶ「母なる祖国」との応酬は、この歴史的史実を象徴的に演じていたものだった。ちなみに、「アンクル・サムUncle Sam」とは、アメリカを擬人化した架空の人物であり、アメリカそのものを指す場合によく用いられる記号である。一方の「母なる祖国Inang Bayan」は、『ゆりかごの歴史』の脚本を書いたFMCのプノ氏によれば、フィリピンを表現する際にしばしば使われる表現だという。守るべき「(祖)国」、豊饒の「大地」、あるいは愛すべき「地球」といったものに、「母」という形容詞をつけて表すようなジェンダー化された地理表象は、どの民族的文脈においても共通しているようだ。

そして太平洋戦争の勃発にともない、最後に登場したるは日本である。日本が実質フィリピンを支配していた期間は、一九四二年のマニラ占領から四五年のマニラ陥落までのわずか三年程度だが、日本兵が村の娘をレイプする場面が演じられるなど、残念ながら日本の演出と印象は芳しくない。人一倍、観客の拍手を浴びていたのは、泣き叫ぶ村娘の迫真の演技だった。

「でも、フィリピン人は、本当に自由になったと思う?
どうして今も、世界中でフィリピン人が働いているの?」

こうして演じられてきたフィリピンの独立史であるが、植民地支配からの解放が、「母なる祖国」の本当の「自由」を勝ち取ったわけではなかった。

（四）シーン3　解かれぬ呪縛

シーンは変わり、フィリピンのとある一家にスポットライトが当たる。父カルド、母ルイサ、娘シンシアは、毎日の食事にも困るほど貧しい家族だった。伝統文化と歴史の紹介を経て、物語はいよいよフィリピンの現代史に突入する。ここでは、ODA問題、国内政治の混乱、貧困といったフィリピンをめぐる今日的な状況が演じられる。

ODAとは政府開発援助、すなわち先進国が発展途上国に行う有償・無償の援助のこと。今や日本は、フィリピンにとってODAの最大援助国となっている。しかしながら、ODAの援助は大規模な環境破壊や地元住民への人権侵害につながるケースも多く、ODAに対する批判には事欠かない。フィリピンの代表的な例で言えば、先住民のイバロイ族を追いやったルソン島北部のサンロケ多目的ダム事業や、港で生計を立てる住民を暴力的に強制立ち退きさせたメトロ・マニラ南方のバタンガス港建設等がある。

ステージ上では、一家の他に教会のシスター、女子学生、少数民族の若者、女性団体のメンバー、都市貧困層出身者たちが寄り集まって、ODA問題について熱く議論を交わす。話題はすでに、各地で蜂起している農民の大規模抗議運動に及んでいた。ODA反対のシュプレヒコールをあげるメンバーたち。一方、シンシアの父カルドは、アキノ大統領に農地改革を求めたメンジョーラのデモで殺される。伝え聞いて、袖を濡らす母ルイサ。そうしたなか、娘のシンシアは、家族を救うためエンターテイナーとなって遠く離れた「かの地」に旅立つことを決意する。

（五）シーン4　日本に出稼ぎする娘シンシアの夢と挫折

日本に降り立ったシンシアは、華やかなドレスに身を包み、夜の蝶になっていた。ここは名古屋のフィリピン・パブ。お店のママは、なぜかシンシアにとても冷たい。「いらっしゃいませIrassaimase」、「おしぼりOshibori」、「同伴Dohan」、「売り上げUriage」と次々に飛び出す「業界用語」に、観客の笑い声は絶えない。観客のなかには、過去にエンターテイナーの経験者かパブのお客さんだった者が少なからずいたからだろう（もしかしたら、現在進行形かもしれない）。このような笑いの共有を見るにつけ、フィリピン・パブがフィリピン人と日本人双方にもたらしたインパクトの強さがうかがい知れる。

やがて三ヶ月が経ち、シンシアは他の日本人男性に売り渡されることをママから告げられる。彼女はついにお店から逃げ出し、自分より一足先に出稼ぎに来ていた知り合いの妹チヨナと公園で落ち合った。「やっと会えたわ。元気だった？」

と尋ねるシンシアに、「簡単な質問ね。でも答えるのはとても難しいわ」と、チョナの返事は意味深長だ。聞けば、彼女はシンシアよりも辛い経験をしてきたという。お店からお店へと売り飛ばされ、挙句の果てに社会的上昇移動を夢見て結婚した日本人男性からは、DV（ドメスティック・ヴァイオレンス）を受ける日々。しかし、そんな彼女を救ってくれたのは、名古屋のフィリピン人ボランティア団体だった。「自分の他にもDVや人身売買の被害者がたくさんいる」ことを知ったチョナは、自分をエンパワーメントしてくれたボランティア団体にシンシアを連れて行くことを約束する。シンシアに訪れる未来はいかなるものか。

（六）エピローグ

再び一〇〇年後の日本。二人の探していた古いアルバムは、まだ見つからない。踊ってばかりで手伝おうとしないレイコを尻目に、あきらめ顔のマリコが一枚の古い写真を取り出した。裏を返せば、日付は二〇〇六年九月二四日。日付の横には、次の文字が見える。「わが愛する息子シンジ・マナバット・川口の二回目の誕生日に。愛をこめて。ママ、シンシア」と。

もうお気づきだろう。祖父の母親、レイコとマリコの曾祖母は、チョナに助けを求めたあのシンシアである。これを見れば、その後の彼女がどのような未来を手にしたのかがうかがわれる。観客一同が胸をなでおろしたところで、子どもたちによる歌「私の夢Aking Pangarap」の合唱をもって物語はエンディングを迎えた。

三　移民演劇のテクスト、コンテクスト、オーディエンス

すでに見てきたように、この『ゆりかごの歴史』は、演劇を通じて日本におけるフィリピン人の移民的背景を伝えてくれる物語である。これは一種の「開発演劇」（開発をめぐる功罪を表現する演劇）とでも言うべきものであり、その内容はきわめて啓蒙的かつ教育的だ。したがって、この演劇を鑑賞すれば、観客はフィリピン人がなぜ移民として日本に来なければならなかったのか、その背景を多少なりとも理解することができるだろう。それを踏まえた上で、もう少し踏み込んで、この移民演劇がいったい何を語ってくれるのかを「読んで」みたい。

まず注目すべきは、演じられたエピソードの取捨選択についてである。例えば「シーン1」のフィリピン伝統文化の紹介を見てみよう。このシーンでは、伝統文化としてティニクリン、マグラティック、シンキルの三つの踊りが披露された。これらはいずれも、フィリピンの伝統文化としてしばしば名前のあがる踊りである。特にティニクリンはフィリピン

文化の代表例だ。ところが一方で、踊りの演出自体は物語の本筋とあまり関係がない。つまりこれら踊りの披露がなくとも、物語全体の進行にはさほど差し支えがないのである。その意味で「シーン1」は、ちょうどフィリピン文化の見本市のような役割を果たしている。次のシーンはどうだろう。

「シーン2」では、フィリピンの歴史が主に植民地からの独立といった側面から演じられた。スペイン、アメリカ、日本による植民地主義とフィリピンの独立に携わる登場人物や運動の描写は、どれ一つとってもよく耳目にするフィリピンの教科書的な歴史叙述である（大野・寺田編、二〇〇二）。しかしながら、このシーンもやはり物語の本筋とは直接の関係がない。というのも、レイコとマリコの二人にとって直接意味があるのは曾祖母シンシアの登場する「シーン3」以降であり、それ以前に演出される伝統文化と独立の歴史は、どちらもいわば本編のサイドストーリーでしかないのである。ところが、これらのシーンに割り当てられた演技時間は全九〇分のうち実に半分以上を占めるなど、思ったよりも長い。

それでは、このようなサイドストーリーがもつ意味とは何なのだろうか。謎を解く鍵はこの物語全体の「語り手」にある。ステージ上では、フィリピンの伝統文化、独立の歴史、現代史、日本での生活といったように歴史・地理・社会が次々と移り変わり、そのつど演じられる登場人物も変化していく。しかしながら、物語の中心的な語り手は一貫してレイコとマリコの二人だった。前述したように、彼女たちはJFCの子孫である。そのため日本とフィリピン二つのルーツをもっているが、彼女たちは祖父のパスポートを見つけるまでその事実を知らない。そこで、「自分たちが本当は誰なのか」を知るために、二人はインターネットで自分たちのルーツ探しを始める、というのが物語のプロローグだった。

ここで重要なのは、「本当」の「自分」を探すという動機づけである。物語全体の展開は、すべて二人のこの動機づけによって構成されている。ところが、いわゆる「自分探し」的な装いを見せるこの演劇中では、日本のルーツについてはほとんど語られない。裏を返せば、二人が探さなければならなかった「本当」の「自分」のルーツとは、少なくともこの物語においては日本ではなくフィリピンだったのだ。したがってこれは、レイコとマリコにとって、自分たちのなかから欠落してしまった（不在の）「フィリピン・アイデンティティ」を取り戻していく物語だったと言えよう。

そう考えると、この物語がけっしてレイコとマリコの二人に限った話ではないということに気づくだろう。というのも、日本における日比家庭の第二世代（JFC）にとって、フィリピン人としてのアイデンティティや文化の継承は、常に困難をともなうことが繰り返し指摘されてきたからである（ゴウ・鄭、一九九九)。そのために、日本に定住するフィリピン人としての政治的・文化的結束をうながすはずのアイデンティティ・ポリティクスは、JFCの増加もあいまっておのずと霧散せざるをえない。こうした在日フィリピン人コミュニティの現在にとって、そのアイデンティティを取り戻すためには、かれらのあいだに「われらフィリピン人」といった共同体意識の再構築が必要となる。それには、歴史や伝統文化の「創造」と「共有」が不可欠だ(ホブズボウム・レンジャー編、一九八九)。

ここにおいて、「演劇」という文化実践が重要な役割を果たす。『演じられた近代』のなかで近藤(二〇〇五、一四‐一六頁)が指摘したのは、「演劇がもたらす祝祭空間」とそれに参与する「演劇的身体」を通して「われわれという主体が誕生する」仕組みである。演劇に限らず、第三世界の儀礼や村落の祭祀から日本の能や歌舞伎にいたるまで、あらゆる種類のパフォーマンスがこうした主体構築の現象に関係してきた。それゆえ、国民国家イデオロギーやナショナリズムの構築に、演劇や儀礼といったパフォーマンスがおおいに活躍して(また、利用されて)きたことは想像にかたくない(山下、一九九七)。

かつてベネディクト・アンダーソンは、著書『想像の共同体』(一九九七)のなかで前述のフィリピン独立運動の父ホセ・リサールについて触れ、彼の著した小説『ノリ・メ・タンヘレ』が、「フィリピン人」としての「共同体」を「想像」させるのに大きな役割を果たしたことを指摘した。アンダーソン自身が述べたのは、小説や新聞といった「出版資本主義」の果たした役割ではあるが、演劇のような文化実践のもつエネルギーも見逃せない。それにならえば、あるいはDUYANの移民演劇が、現代の名古屋におけるフィリピン人コミュニティのアイデンティティ共有に一役買った可能性はある。DUYANが演出した伝統文化や歴史の叙述は、フィリピン人としての正当なる国民文化や国民史を、今一度かれら在日フィリピン人コミュニティに再確認させるテクストだったと言える。

最後に、移民演劇の観客層についても一瞥しておこう。この日の演劇を鑑賞した観客のほとんどは、在日フィリピン人自身あるいはその子どもたちだった。もちろん、私も含めて日本人の観客もいなかったわけではない。しかし、けっしてマジョリティではなかった。すなわちこの移民演劇は、日本に定住するフィリピン人の/フィリピン人による/フィリピン人のための物語という趣が強かったのである。計二回の演劇の公演前になされたフィリピン国旗の掲揚とフィリピン国歌の起立斉唱が、何よりの証左となろう。

『フィリピン‐日本国際結婚』(佐竹・ダアノイ、二〇〇六、一五七頁）の中で、著者にして在日フィリピン人女性のダアノイは、日本でフィリピン伝統文化に触れたときの心情を次のように素直に述懐している。

（シンキルを見事に踊った在日フィリピン人女性を見て）
「私はノスタルジアに駆られ、フィリピン人としての意識、プライドが限りなくよみがえった。フィリピンで同じダンスを目にしても、感じたことがない感覚だった。」

ただし、「フィリピン・アイデンティティ」という表現には少し留意が必要だ。フィリピンはそもそも、七〇〇〇以上の島々からなる島嶼国家であり、北のルソン島から南のミンダナオ島にいたるまで実に幅広い言語・文化や歴史地理をもつ。こうした多様性が、「フィリピン人」として一つの「想像の共同体」へと収斂するようになったのは、むしろスペイン植民地支配以来の独立運動や抑圧に対する抵抗を通してだったとしばしば指摘されている。「フィリピン人」という表現も、現在のような意味で使われるようになったのは、やはり一九世紀後半以降である（大野・寺田編、二〇〇一）。

「フィリピン」における自文化表象のあり様を再考した清水（一九九八）の論によれば、フィリピン・アイデンティティとは、植民地主義による支配・抵抗・解放・裏切り・挫折の連続に満ちた過去や現在よりも、いまだ未完の「未来」を志向する心性が強いという。その点で言えば、ＤＵＹＡＮの演劇が、かれら自身の、むしろ挫折と苦渋に満ちたはずの過去や現在の物語を演じることに重きを置いていたのは興味深い。この明暗は、祖国フィリピンにいる人々と、移民として祖国を離れなければならなかった在日フィリピン人たちの境遇との差異が生み出したのかもしれない。つまり、こうだ。

ＤＵＹＡＮの演劇は、フィリピンから日本という「他所」へと越境した移民によって演じられた「移民演劇」であり、祖国を離れた今だからこそ、かれらのあいだで生成すべきフィリピン・アイデンティティは、未来よりもまずは過去や現在、伝統文化や歴史のなかにこそ共有の源泉が求められたのではないだろうか。フィリピンは、政府による強力な人的輸出政策の結果、ここ二〇〜三〇年でアジア有数の移民送り出し国となってしまった（菊池、一九九二）。現在すでにおよそ八〇〇万人の在外フィリピン人がいるとされ、移民は国民総人口の一〇％にものぼっている。それゆえ、かれら移民が祖国フィリピンに及ぼす政治経済・文化社会的な影響力は、もはや正・負にかかわらず甚大だ。本稿のような在日フィリピン人たちの移民演劇を通じた祖国の表象が、いかにしてフィリピンの新たな「描き直し」に結実するのか、今後楽しみな点でもある。

四　「多文化共生」の世界は描けるか？

確かにDUYANが演じた今回の物語は、伝統文化や歴史や移民といった、フィリピンの過去と現在を振り返る演劇だった。日本人にとってみれば、フィリピンの文化・歴史や移民の背景を知るよい契機となったはずだし、在日フィリピン人にしてみればアイデンティティの再確認・共有の貴重な機会となっただろう。しかしながら、フィリピンの過去や現在について語ったり見たりするだけでは、日本における「多文化共生社会」の未来は遥か彼方の雲か霞である。フィリピン・アイデンティティが清水のいうように未完の「未来へ回帰する」ものだとするならば、はたして、この新しい文化ムーヴメントにはそれが可能なのだろうか。

未来の扉を開く鍵はやはり、レイコとマリコの二人にあったように思う。演劇冒頭で彼女たちは、民族的・文化的ルーツの異種混淆するハイブリッドな自分たちのことを、「面白い！」と喜びをもって首肯した。物語の始まりからしてすでに多文化主義的な設定は、ともすれば伝統文化や歴史といった過去への遡及ではなく、描き方次第では多文化共生の未来へと回帰する物語になっていたかもしれない。いや、少なくとも、そうなる可能性はあっただろう。在日フィリピン人の場合、エンターテイナー等の影響により女性移民の割合が相対的に高く、日本への定住化が日本人男性との婚姻関係を経てなされることが多いという現実は、このようなハイブリッドな表象にどれほどの影響力をもっているのだろうか。あるいは、本書所収の在日ブラジル人の文学・映像実践（イシ論文）やマダンを通じた在日コリアンのまつり実践（稲津論文）などと、読み比べていただいても面白い。

もちろん移民演劇それだけで、多文化共生の未来を描けるというわけではない。しかも、日常の時間─空間から切り取られてこそ成立する非日常としての劇場空間は、熱狂や興奮を扇動する仕掛けに満ち満ちているがゆえに（船曳、一九九七）、劇場空間から一歩外に出たときの新しい想像／創造力こそが求められている。日比を越えたさまざまな文化実践が、同時多発的に社会を揺り動かす新しいムーヴメントとなってくれればよい。

民族的な多様性や文化の異種混淆性を、素直に「面白い！」と言えるような日本の未来。

いつかこの目で見てみたいとは思いませんか？

参考文献

アンダーソン、ベネディクト（白石さや・白石隆訳）、一九九七、『想像の共同体』NTT出版
石山永一郎、一九八九、『フィリピンで稼ぎ労働者――夢を追い日本に生きて』柘植書房
大野拓司・寺田勇文編、二〇〇一、『現代フィリピンを知るための六〇章』明石書店
菊池京子、一九九二、「外国人労働者送り出し国の社会的メカニズム―フィリピンの場合」梶田孝道・伊豫谷登士翁編『外国人労働者論――現状から理論へ』弘文堂、一六九―二〇一頁
ゴウ、リサ・鄭暎惠、一九九九、『私という旅――ジェンダーとレイシズムを越えて』青土社
近藤裕己、二〇〇五、『演じられた近代――〈国民〉の身体とパフォーマンス』岩波書店
佐竹眞明・ダアノイ、メアリー、二〇〇六、『フィリピン・日本国際結婚――移住と多文化共生』めこん
清水展、一九九八、「未来へ回帰する国民――フィリピン文化の語り方・描き方をめぐって」『立命館言語文化研究』第九巻三号、一六九―二〇〇頁
船曳建夫、一九九七、「『幕』と『場面』についての試論」青木保他編『儀礼とパフォーマンス』岩波書店、一四九―一七一頁
ホブズボウム、エリック・レンジャー、テレンス編（前川啓治・梶原景昭他訳）、一九九二、『創られた伝統』紀伊国屋書店
山下晋司、一九九七、「儀礼と国家――インドネシア独立五〇周年記念事業から」青木保他編『儀礼とパフォーマンス』岩波書店、二〇九―二三八頁

〝レペゼン〟の諸相
――レゲエにおける場所への愛着と誇りをめぐって

鈴木慎一郎

路上に託されたもの

ラップやレゲエは「ストリート・ミュージック」だ――。こんな云い方を、これらの音楽の実践にかかわる者は好む。どちらも資本主義経済下の商品としてグローバル文化の仲間入りをした音楽なのだが、こうしたストリート志向をどう考えたらよいのだろうか。一つに、音楽産業がしきりに「路上からのナマの反逆の声」といった宣伝文句をこれらのジャンルに着せることも関係しているが、それだけではなさそうである。ニューヨークにおけるラップの、またはジャマイカにおけるレゲエの発展に際し、屋外に置かれたPAシステムが重要な役割を果たした、という「歴史的事実」を持ち出してみても、まだ言い尽くせないものがある。ストリートというこの言葉の用法には、自分（たち）らしさへの誠実さ、そしてそのことの誇りが、路上という空間的な概念に託されているのが読み取れないだろうか。

しかし、自分（たち）らしさを讃える単純な言葉は、いまやラップやレゲエの中だけではなく、ラップやレゲエの実践者にすれば退屈きわまりないものかもしれない日常の労働の時間の中にも、端的に溢れかえっている。そしてそうした「らしさ」をめぐる単純な言葉が溢れるようになったのとおおよそ同じ頃から、「らしさ」は、比喩的にいえば、むしろその襞の数と深さを増していったように思える。

アメリカ合州国のラップで、ある場所やその場所と結びついた集団を代表、代弁することをリプレゼント（represent）と呼ぶ。カルチュラル・スタディーズなどの分野で、表象（representation）という語は他者表象、自己表象といった形で用いられているが、それとラップの世界でリプレゼントという語が用いられるようになったのとは、おそらく直接の因果関係はない。ラップ音楽のグローバル化に伴い、ある場所またはそこの集団を代表、代弁するという意味でのリプレゼントという語は、世界中のラップ実践者の間に広まり、日本でも「レペゼン」という語として定着している。

ポピュラー音楽研究者のマレイは、合州国ラップにおけるリプレゼントに、空間や場所をキーワードにしてアプローチした。マレイによればラップ実践の中には、一つの場所への愛着と、それから時には、他の場所への嫌悪がある。ラッパーにとって愛着の場所は、慣れ親しんできたフッド（neighborhoodに由来、「地元界隈」）であり、その場所がいわば世界の中心となり、さまざまなできごとや場所についての解釈や評価もその地点からなされる（Murray 2000, p.78）。合州国ラップにおけるリプレゼントとは、自分のフッドを代表し、そこでの社会関係（友人、支持者、レーベルやスタジオの関係者など）に忠誠心をもつということである。ここでいう地元とは、一つの都市だったり、その中の一地区だったりする。

マレイが取り組んだのは、音楽の実践をつうじて送り手や聴き手たちの間にどのような地図が像を結ぶのかという問題だった。この問いをめぐり、小稿ではおもに日本のレゲエに照準を定めて、レペゼンの実践を音楽にとどまらないより広い社会的な文脈の中でいかに検討しうるか、考えをめぐらせてみたい。

一九六〇年代末にジャマイカで生まれたレゲエは、七〇年代から日本の中に聴き手と演奏者を生んできたが、九〇年代以降の日本でのレゲエ人気は、それぞれの地元で活動する〈サウンド〉に支えられている部分が大きい。ファンの間では、「いまや日本全国の町に必ず一つは〈サウンド〉がある」とさえいわれている。〈サウンド〉とは、イヴェントで（楽器の生演奏ではなしに）レコードやCDやデータ音源で曲をかける一団（クルー）のことである。〈サウンド〉の中にはミックスCDを商業的にリリースする所も多い。日本の〈サウンド〉のミックスCDには、ジャマイカと日本の両方のアーティストの曲が収められているのが普通である。

こうした各地に林立する〈サウンド〉に支えられた部分がコア（核）だとすれば、日本のレゲエ・シーンのコアはインディーズが中心である。それは近年、音響・映像技術の急速な革新に助けられ、アウトプットを爆発的に増加させている。シーンの全体像なるものを画定するのはきわめて難しく、この稿も、扱われている題材がシーンを過不足なく代表しているのかどうかの論証が弱いことを、認めざるをえない。

〈ニッポン株式会社〉と〈ハイテクＪＡＰＡＮ〉のあいだ

地元界隈への愛着と誇りがリプレゼントならば、アメリカ合州国という国民国家を一つの大きな地元に見たててそのリプレゼントを掲げるラップがあっても驚くにはあたらないが、前出のマレイの論考にはとくにそうしたものへの言及はないようである。これが日本のレゲエでは、日本の中の一地域をレペゼンするという態度もみられる一方、日本や日本人への誇りの表現も、珍しいものではない。日本または日本人をレペゼンする実践には、起源地ジャマイカに対して自分たちは後発国であるけれど本物に対する偽物ではなく一つの対等な文化実践なのだ、という自己定義が働いているのかもしれない。また、レゲエの楽しみ方の一つに、複数のパフォーマーが客の反応を競い合うクラッシュ（sound clash）という興行があるが、九〇年代後半には世界各国の〈サウンド〉がニューヨークやロンドンやジャマイカで一堂に会するクラッシュが増えた。レゲエ・ダンスの女王の座を争う国際的コンテストも、近年増えている。こうした国際的催しにおける日本からの出場者の活躍が、レゲエ関連の日本語メディアではしきりに報じられる。これも、日本のレゲエ実践者が「日本人」という自意識を強めるのに作用したかもしれない。

日本を誇る（または憂う）日本語レゲエに現れる典型的シンボルといえば、サムライや刀、ちょんまげである。そうした曲として、三木道三「ＪＡＰＡＮ一番」（九七年）、ＲＹＯ ＴＨＥ ＳＫＹＷＡＬＫＥＲ「西向く侍」（〇一年）、ＮＡＮＪＡＭＡＮ「Born Japanese」（〇四年）が挙げられる。称賛される日本文化は大和民族のそれであり、ただしそれが元来もっていたとされる完全無欠さは、日本国家が明治時代以降に欧米の模倣へ走ってしまったがゆえ失われてしまったと嘆かれる。これと類似した日本語ラップの詞から日本の若者は保守化したと結論することがどのような問題をはらむかは、何人かの論者がすでに提起した（上野／毛利、二〇〇二、一二〇頁、細川、二〇〇二、一八九頁）。なるほど、たとえば「Born Japanese」に耳を傾ければ、代表制政治からの疎外感だとか、巨大資本と政治権力との結託による不条理な支配への危機感が、歌われていたりする。この資本と政治との結託こそ、ラップ・グループのライムスターが「マイクの刺客」という曲で標的にした「ニッポン株式会社」ではなかっただろうか。それはライムスターの佐々木士郎（彼は日本語ラップと保守化をめぐる論争の一当事者だった）によれば、大和民族というマジョリティに属する者ですらも階級や学歴や年収によって精神的マイノリティの苦境を味わわされてしまう、日本社会の日常的な抑圧構造のことである。

ただし日本語レゲエに歌われる肯定的日本像には、サムライ絡みのものだけではなく、科学技術立国またはものづくり大国としてのハイテクＪＡＰＡＮのイメージもある。ＦＩＲＥ ＢＡＬＬ「Bad Japanese」（〇七年）は、トヨタに始まりカワサキ、ミツビシ、ホンダと連呼するし、ＨＩＢＩＫＩＬＬＡフィーチャリングＪＵＭＢＯ ＭＡＡＴＣＨ「あっぱれ!ＪＡＰＡＮ」(〇七年)は、茶道、華道、歌舞伎、浮世絵といった伝統芸能から、自動車、カップラーメン、アニメ、カラオケ、新幹線、デジカメ、ウォークマン、ゲーム機、さらにシャワートイレまでを列挙する。

ここで気になることがある。日本の技術水準を世界に知らしめてきたとして称賛される大企業製造業は、それこそがニッポン株式会社の中枢をなすはずではないだろうか? 詞を追うかぎりでは、この点はあまり言語化されていない。とはいえこの稿は、メジャーレコード会社からのリリースでは名指しの大企業批判は云々といった勘ぐりをする場ではないし、この点こそ日本のレゲエの認識の甘さだなどとあげつらいたいわけでもない。前述の「あっぱれ!ＪＡＰＡＮ」の詞は、憲法九条への肯定的評価や、日本文化の雑種性への視点なども含んでおり、反動的という語では要約できない。また、注意しておくべきことは、愛国的表現は日本のレゲエだけでなく近年のジャマイカのレゲエにも顕著だという点である。二つの国のレゲエが表現する二つのナショナリズムについては、今日のグローバル化という共通の文脈でとらえるのと同時に、それぞれの歴史的背景に照らして意味合いがどう異なるかということも見きわめなくてはならない。さしあたりここでは、日本への愛国心が新旧の雑多なシンボルを用いながらグローバル文化であるレゲエのリズムにのせて日本語で歌われていることを確認しておく。付言すれば、日本在住のエスニック・マイノリティのレゲエ・アーティストも時にそうした愛国の合唱に加わっているということが、状況にねじれを生んでいる。

〈ローカルなＢＩＧ ＵＰ〉と〈ナショナルなＢＩＧ ＵＰ〉のあいだ

日本という国家共同体をレペゼンするのとは別に、地域をレペゼンするという態度がある。そこで重要なレゲエ関連メディアに、地域のシーンと密につながった、無料配布の小冊子(フリーマガジン)の類がある。それらは隔月刊や季刊であり、誌面には日本国内と(ジャマイカを中心とした)国外の話題が並んでいて、日本全国へ配布されている。ここでいう地域のシーンは、クラブやライヴハウスやバーやレコード店や美容室、洋服店や雑貨店、さらには出身学校などの、物理的な空間で顔を合わせ、かつそうした空間にちなむ記憶(たとえば過去のイヴェントなど)を分かち有する者のネットワークに支えられている。地元のさまざまな店は、これらの出版物の広告スポンサーとなり配布ルートにもなる。福岡の『ＢＵＢＢＬＡ』、岐阜の『ＨＯＷ ＨＩＧＨ』、横浜の『ＳＴＲＩＶＥ』などが、それぞれの地名とともに誌名の挙がるフリーマガジンである。そして、こうした小冊子によくあるのが、国内の各地域にスポットをあてる記事である。『ＳＴＲＩＶ

E』の「日本全国マイクリレー」、『HOW　HIGH』なら「諸国漫遊記」のコーナーがそうで、それぞれの地域のDJが、レゲエ的語彙をちりばめながら地元とそのシーンの紹介をしたり、自分の近況報告をしたりする。

次のような問いを立ててみたい。地域というローカルなものを称賛（ジャマイカのスラングでは称賛を送ることをBIG UPという）する態度は、日本や日本人というナショナルなものをBIG　UPする態度と、どのような関係にあるのだろうか。この点について、いまの日本で（とくにレゲエ界にかぎらず）高頻度で出くわすシナリオとは、地域で育まれる郷土愛が愛国心という日本全体で一つにまとまったものへと矛盾なく整合されていくというものだろう。地域のアイデンティティを日本へのアイデンティティへと従属させるこの論理は、国の文化政策が唱える「まちづくり・むらおこし」にも含まれていると指摘されている（岩本、二〇〇三、一七八頁）。このシナリオにおいては、地域の個性は、日本というまとまりを文化的に多様で豊かなものにする、象徴的資源としての価値を期待されているようである。地域に住む身近な人々やその風景への愛着が日本という国家共同体への愛着につうじるのは自明のこととされ、ローカルな場所の歴史はナショナル・ヒストリー《一国の正史》という単一の歴史への奉仕を求められる。ただし、ある場所が物理的に一国家の国境線の内側に位置するとして、それが心象地図においてもその通りになる必然性はないということも、頭に置いておかねばならない。

この点で日本のレゲエ・シーンはどうかについて、本格的に検証するためには、そこに含まれるさまざまな実践に向かい合う必要がある。たとえば、シーンにおいて価値を与えられていることの一つに「勝ち上がり」がある。〈サウンド〉であれ、DJであれ、ダンサーであれ、地元の小イヴェントへの出演から全国区の巨大イヴェントへの出演まで、キャリアを「ハイヤー・レヴェル」《さらなる高み》へとステップ・アップさせていくことである。その射程の先には、国際的舞台の日本代表の座がある。この意味での勝ち上がりには、小さな場所への愛がより高次にある日本への愛へと包摂されるという前述のシナリオになじむ面が確実にある。

だが、これが物語のすべてではない。沖縄の二人組U-DOU&PLATYからの例だけでも引いておきたい。「クユイヌハナシ」（〇四年）、「ワジワジする」（〇五年）などの曲で彼らは、沖縄にとってヤマトは外部から沖縄を支配する権力の一つであると歌う。これは、前述の「JAPAN一番」「西向く侍」「Born Japanese」などの曲で大和魂への同一化が直截に歌われるのとは対照的である。こうした視点は沖縄に特殊なもの、と片づけてしまうべきではない。郷土愛が愛国心へと摩擦なしにつながっていくというシナリオがなぜ問題なのかといえば、日本の国境線の中の、（沖縄だけでなく）さまざまな場所の間にある力の不均衡を、意識に上りにくくしてしまうからである。少なくとも、地域と日本とが心象地図においてどのような位置関係にあるのかについて、日本のレゲエ・シーンとしての統一されたものがあるとは前提できないようである。また、このシーンの調査を精力的に進めている人類学者のマーヴィン・スターリングが〇八年二月にジャマイカで開催された地球レゲエ会議で私に語った所によれば、天皇制の受けとめ方にもけっしてシーン内部で統一されたものはないという。

誇りをもて、そしてそれを発信せよ

「JAPAN」であれ、地元界隈であれ、それらのレペゼンに共通するのは、（もっとふさわしい言葉もありそうだが、さしあたり）「自分（たち）語り」の発信だといえる。ジャマイカのレゲエからして、自画自賛が個々のパフォーマーの表現に占める割合は小さくないのだが、日本のレゲエの多くもそれと同様である。レゲエにおけるこの「自画自賛ネタ」は、他ジャンルの聴き手から社会批判のメッセージの欠如や進取性の無さとしてしばしば否定的評価を下されるが、しかし自画自賛そのものは、パフォーマーがレゲエというシーンの一端にいようとしているのを示す一種の儀礼としてまずはとらえられるべきである。

自分（たち）語りとその発信は、個人・地域共同体・都市・都道府県・国民国家といったそれぞれの場にかんして行なわれる。勝ち上がりの物語に従えば、これらは甲子園野球のような階層構造をなす。また、テクノロジーの革新によって自分（たち）語りの発信はますます実現しやすくなっている。印刷物（フリーマガジンやフライヤーなど）と録音物（ミックスCDなど）の製作技術、それから動画投稿サイトやマイスペースなどのウェブ技術が、それに含まれる。前述したフリーマガジン『HOW HIGH』の発行元などは、フライヤーのデザイン及び印刷やCDのプレスまで全国からの発注を受け付けているが、これはイヴェント運営からCDリリースまでの技術的側面のサーヴィスを、レゲエの流儀をふまえた形で提供しようというものだろう。

日本のレゲエ実践においてこのようにさかんな発信状況を呈している誇りと愛着については、同時代の日本の中で似たものが見つからないだろうか？　それは自治体にとっての地域アイデンティティであり、企業にとってのコーポレート・アイデンティティである。個性や理念という意味を負わされたロゴやキャラクターの洪水には、社会学者の上野千鶴子による「アイデンティティ強迫」という語をあてはめたくなる（そうした強迫は過去のものになると上野がほのめかすのとは裏腹に)。逆説的なようだが、ヒップホップ文化の一つ、グラフィティにおいて、ライターたちが壁に書きつけそしてはかなく消えていくタグ(名前、ニックネーム)も、あえてこの文脈に並べることで際立たせられるかもしれない。

地域のキャラクターといえば、郷土愛ならぬ「郷土LOVE」というコンセプトを打ち出す最近のみうらじゅんの活動を特記すべきだろう。全国のゆるキャラにツッコミを入れ、安斎肇と各地を踏査し「勝手に観光協会」としてご当地ソングを勝手に作曲・録音・リリースするみうらの活動は、高度消費社会におけるアイデンティティの浮遊を謳歌した八〇年代的心性にとって、今日のアイデンティティ強迫をアイロニカルに笑うための冷めた視点を確保してくれる、一種の癒しにさえ思える。

アイロニーといえば、社会学者の北田暁大(二〇〇五)の次のような議論がある。七〇年代半ばから八〇年代初めまでの、コピーライターの糸井重里に代表される消費社会的アイロニズムは、高級文化も大衆文化も記号的差異として「ヨコナラビ」に消費するものだったが、そこには連合赤軍のように「総括」という反省を突き詰めた六〇年代への、抵抗という意味があった。消費社会的アイロニズムはしかしその後、「つねにアイロニカルたれ」というコマンドを制度化させた消費社会的シニシズムへと変わった。また、「何がアイロニーなのか」(どこまでがネタでどこからがベタなのか)を決めていたマスメディアや文化産業のいわゆる「ギョーカイ」は、九〇年代にはそれら自体がアイロニーの素材に成り下がった。人はアイロニカルたろうとする時、自己の行為がアイロニーであることを、後に続く他者(2ちゃんねるでいえば自分の書き込みに続く者)に証明してもらう他なくなり、アイロニーのゲームはより複雑化した。そして、この複雑さを和らげて他者とつながる可能性を高めてくれる仕掛けの一つが、括弧つきの「ナショナリズム」だと北田は述べる。

ただ、この本質的に何であってもかまわないという(北田、二〇〇五、二二三頁)仕掛けの一つが、「ナショナリズム」になることについては、複雑さの別の相を想像してみる必要があるようにも思える。そこで考えられるのは、「つねに自分(たち)らしくあれ」という新自由主義的なコマンドが「つねにアイロニカルたれ」というコマンドと分かちがたく作用しているような状況である。思えば、個人であれ自治体であれ法人であれ国家であれ、新自由主義的な市場原理のもとでの主体とは、「自分の個性を発見し、その開発に向けて理念や目標を作成せよ」「ポートフォリオ(資産構成を意味するこの語は教育分野にも導入されつつある)を常時管理して自己を能動的かつフレキシブルに操舵せよ」「そして一連のパフォーマンスにもとづく評価を受けよ」といった呼びかけに、応えることで主体となるのではないだろうか。

とりわけ地域の誇りをめぐる実践について、それを新自由主義と絡めて考えていくには、WTO体制下での農産物市場自由化を背景とした農業政策の「文化」政策へのシフト（岩本、二〇〇三）と、共同体の自己統治をつうじての国家の統治（齋藤、二〇〇〇、八〇頁）という位相に、注意をする必要がある。次にそのあたりをみてみよう。

地域の誇りをめぐる政治学

民俗学者の岩本通弥によれば、一九九九年の「食糧・農業・農村基本法」の背景には、グローバル化ゆえに日本政府がもはや国内農業を保護しきれなくなったという事態がある。この法では、農村の価値は文化の領域での多面的機能なるもの（伝統文化の継承や日本人のアイデンティティの育成）に求められ、それは経済的効率では推し量れないものとされている。こうした農村観にもとづく「伝統文化を活かした地域おこし」事業が住民に地元への誇りと愛着を強いることについて岩本は、「地方に「誇り」を植えつけることで、過疎化を食い止めたい思惑が見え隠れする」とも述べる。またこうした農村観には、全体論的《ホリスティック》で、没歴史的で審美的な文化概念が透けて見える。つまりその内部の諸要素（物質文化から社会構造や精神文化にいたるまで）が一つの緊密な体系をなし、外部の力による変化を被らず、かつ外部の視線からの鑑賞対象であるという文化概念であり、それは観光のまなざしに都合がよい。観光をすべて非難すべきだとは思わない。しかし、「ふるさと観光」にみられる文化概念は全体論的なものであるがゆえに、岩本が危ぶむ、「らしさ」の期待が文化の断片だけでなく住民の身体や精神にまで及ぶ可能性は、打ち消せないだろう。

また、思想史研究の齋藤純一によれば、福祉国家モデルが立ち行かなくなった後では、個人や共同体は国家によって統治される客体であると同時に、積極的に自らを統治する主体になることが求められる。国家は生じうるリスクを一手に引き受けるのではなく、個人や互いに「顔の見える」共同体へとリスク管理を委ねる。したがって国家の統治は、個人や共同体がそれぞれの自己統治を行なうのを「積極的に鼓舞し、促進する」ことに向かい、「統治の統治」という形態をとる。たとえば、セキュリティ意識を上昇させたコミュニティ成員が、潜在的リスクの徴候を見逃すまいと予防や早期発見に躍起になるような場合がそうかもしれない。「なぜもっと早く〝サイン〟に気づかなかったのか」という事後的な糾弾を浴びることへの恐怖が、セキュリティ意識を上昇させる。

ところで共同体のセキュリティといえば、ジャマイカのレゲエにある独特の流儀が連想される。その詞の類型の一つは、いくつかの人間像を民衆裁判ふうに告発するものである（鈴木、二〇〇七)。その人間像は、ねたみなどの悪意をいだく者、ゲットーの内部事情を外部(の警察権力など)に洩らす者、同性愛者、幼児性愛者などである。示唆ぶかいのは、このように緊密なものとして歌われる都市貧困層のコミュニティが、ジャマイカの国家権力に対しておそらく両義的なものだという点である。それは、英国領時代以来の、同性間性交を禁じる法を、結果的に民衆レヴェルで執行する組織になりうる一方で、政治的クライエンタリズム(政治家が住民に恩顧を与えて忠誠を見返りに得ること)からの自律を一時的にでも可能にする。

興味ぶかいことに、日本のレゲエ実践者の多くは、ジャマイカのレゲエにこの民衆裁判ふうの題材が頻出することによく通じているようである。バッドマインド(悪意)ネタ、インフォーマー(密告者)ネタ、バティマン(男性同性愛者)ネタなどの語は、ほとんど注釈なしにレゲエ関連のメディアに登場する。これらは、日本のレゲエ歌手やDJが自分の詞を作る時に参照する枠組の一部にもなっている。そこには「本場」の模倣もあるだろう。しかしこうしたネタは、ジャマイカだけでなく同時代の日本の状況を切り取ってリアルな言葉を編むのにも有用であるがゆえ、くり返し取り上げられているのだとも考えられないだろうか。もしそうなら、日本における「顔の見える」範囲のコミュニティは、「統治の統治」からの自律性を、どこまで担保するだろうか。

ここまで本稿は、日本のレゲエ実践にみる場所への誇りと愛着、とりわけ地域への誇りと愛着を発信する行為について、その考察には新自由主義的な統治への観点が重要だと主張してきたつもりである。また、そこで留意すべき点の一つとして、ローカルな空間(地元)とナショナルな空間(日本)がどのような関係にあるものとして思い描かれているのかは、あらかじめ決定されてはいないとも述べた。歌詞分析にやや偏重した本稿ではしかし、歌詞以外の次元でレペゼンはいかに追求されまた批評されるのか、という問いを極めるには至っていない。これらのメディア研究的視野を深めていけば、たとえば「トヨタ」を誉めちぎる歌も、ひょっとしたら音楽による一種のカルチャー・ジャミング(街の巨大広告にちょっとした改変をゲリラ的に施し、人間味のあるパロディにしたりすること)としてとらえられる、かもしれない。以下の最終節では、地元への愛着にかかわるある継続的なイヴェントについて、挿話的にではあるが今後の考察への可能性を含ませて、記しておきたい。

レゲエmeets核の記憶@焼津港

ヤイヅ魚市BASHは、二〇〇三年から毎年夏に焼津旧港を会場にして入場無料で開催されている、音楽とダンスのパフォーマンスを中心とした屋外イヴェントである。〇三年には三千人、〇七年には五千人を集めた（実行委員会による推計）。入場無料という形態は、実行委員が地元の企業や商店を回りじかに協賛金を募ることで実現されてきたもので、外部の企業や広告代理店の参入はない。イヴェントの中心の一人は、横浜での活動やジャマイカでの修行経験をもち、サンディエゴや台湾で公演を行なったこともある、焼津出身のパパユージというレゲエ・アーティストである。リリースした作品群の中には、シングル盤「焼津港」（〇四年）や「KAMABOKO-YANE」（アルバム『I Land I』に収録、〇七年）など、地元の符牒が豊かな曲もある。

じつは、焼津旧港の機能は、そこからやや西に立地する焼津新港（〇一年に完成）へと〇五年末までに移転を終えている。かまぼこ型の屋根が特徴だった旧港は、〇七年末の時点でほぼ取り壊されていた。旧港の用地は漁業協同組合が静岡県から有料で借りていたもので、漁協はそれを最終的に更地として県に返還する意向である。県にも市にもとくにこの場所を活用する計画はないようである。

五三年に定礎された旧港の取り壊しに際しては、保存活用の声が市民の間で起こり、署名活動も展開された。焼津旧港は、遠洋マグロ漁船の第五福竜丸が五三年一月二二日に出発し、三月一日にビキニ環礁でのアメリカの水爆実験で被ばくしてから、一四日に帰ってきた場所である。ビキニ事件の報道がある映画製作者を触発して五四年に生まれたのが、ゴジラ映画第一作である。「焼津旧港を活用する会」は〇五年一二月、ゴジラゆかりの焼津旧港を平和アピールの発信基地に、との呼びかけをし、ゴジラミュージアムや初代ゴジラの等身大像などを提案した。「活用する会」に協力した「ビキニ市民ネット焼津」は、イデオロギーで分裂したこれまでの反核平和運動から距離をとることにこだわって〇三年に出発した運動で、「政治の次元だけでなく、文化や芸術の面も重視」しようという意見も挙げており、メンバーたちは「1954 Bikini Means いのちの黙示録」というモダンアート展を〇四年以来、魚市ＢＡＳＨの時期に同じ会場で開催している（以上、ビキニ市民ネット焼津編、二〇〇七）。

魚市ＢＡＳＨの広報、たとえばウェブサイトやパンフレットには、反核運動の要素はなく、第五福竜丸どころかゴジラへの言及も見あたらない。「モダンアート展、会場横にて同時開催」と小さく告知されている程度で、むしろ目に入るのは、「大人も子供も飲んで食べて歌って旧焼津港をこれでもかっ！ってくらい堪能しよう」の言葉である。だが、回路を示すにはこれで充分なのかもしれない。魚市ＢＡＳＨの実行委員らは、モダンアート展と魚市ＢＡＳＨとは「静と動」でバランスが取れているからよいのであり、すべてが重くなりすぎてはいけない、と語った。

　ここでいう「回路」とは、本稿の視角からすれば、小さな場所の記憶を、日本というナショナルな空間——そこでは文化的個性は奨励されることがあっても政治や経済の不均衡は等閑視されるか自己責任に帰されやすい——へと従属させずに、国境線の内外を問わず他のさまざまな小さな場所と接続していくための、交差路のようなものとして思い描くことができる。社会学者の好井裕明（二〇〇七）は、ゴジラ第一作を読み解く中で、そもそも水爆実験の被害者であるゴジラが東京上陸後は加害者に転じ、淡々と無表情のまま破壊にいそしみそして消滅させられていったのはなぜか、と問う。好井がみるに、それは、われわれが原水爆のことを「自分たちにはどうしようもないもの」という諦めた形で日常化してしまわないように、である。淡々として無表情なものこそが暴力の記憶をリアルに呼びさます。だとしたらやはり、回路の表示は控えめでいい。

THANK U's:
Papa U-Gee, アヤナイ内田さん、魚市ＢＡＳＨ実行委員のみなさん、
Acky & Tea (from Spectacle Lamp)

参照文献

岩本通弥、二〇〇三、「フォークロリズムと文化ナショナリズム　現代日本の文化政策と連続性の希求」、『日本民俗学』二三六号、一七二―一八八頁

上野俊哉・毛利嘉孝、二〇〇二、『実践カルチュラル・スタディーズ』筑摩書房

北田暁大、二〇〇五、『嗤う日本の「ナショナリズム」』日本放送出版協会

齋藤純一、二〇〇〇、『公共性』岩波書店

鈴木慎一郎、二〇〇七、「ジャマイカン・ポピュラー・カルチャーを通して見る〈暴力〉と〈愛国心〉」、『立教大学ラテンアメリカ研究所報』三五号、三一―三五頁

ビキニ市民ネット焼津（編著）、加藤一夫・秋山博子（監修）、二〇〇七、『焼津流平和の作り方　「ビキニ事件五〇年」をこえて』社会評論社

細川周平、二〇〇二、「あいまいな日本の黒人　大衆音楽と人種的腹話術」、小森陽一ほか編『冷戦体制と資本の文化』（岩波講座　近代日本の文化史9）岩波書店

好井裕明、二〇〇七、『ゴジラ・モスラ・原水爆　特撮映画の社会学』せりか書房

Foreman, Murray, 2000, "Represent": Race, Space and Place in Rap Music", *Popular Music* 19 (1) : 65-90

ウォーキング・マップに想いを馳せる
――名古屋のまちづくりを事例に

鶴本花織

ある空間を図式的に表すテキストを〈マップ〉と総称することにしよう。『The History of Cartography』（シカゴ大学出版局、一九八七〜）や『地図と絵図の政治文化史』（東京大学出版会、二〇〇一）を始めとする近来のカルトグラフィー研究は、マップが価値的に中立なものではなく、むしろ、その時代の権力を表象したテキストであるということを指し示してきた。マップのみならずどんなテキストであれ、ある政治的、文化的価値を内包した想像の産物であるという洞察は、ソシュール言語学の適用が進んだ戦後期に台頭したものであるが、それも今や文化研究にすっかり定着したきらいがある。しかし、現場に居合わせないかぎりマップの政治性をプロセスとして把握するのは困難であり、そのため、具体的事例に基づいた研究報告は少ない。本稿は、一九九〇年代後半から盛り上がりを見せている名古屋市周辺の「まちづくり活動」の一環で作成されたウォーキング・マップに着目し、その政治性を文脈的に捉えていく。

ウォーキング・マップ、マップ、マップ

今、日本は空前のウォーキング・マップ・ブームの只中にある。そう気が付いたのは二〇〇一年の暮れに生まれ故郷の名古屋に帰還して間もないころであった。生まれ故郷といっても名古屋で生活するのは実に二三年ぶりのことである。一日でも早く土地勘を体得したいという想いがあったからこそ、周囲に散在するウォーキング・マップの気配を特に敏感に察知したのかもしれない。

帰国当初に身を寄せた実家が購読していたのは朝日新聞であったが、毎週、何らかのウォーキング・マップが解説付きで紙面に載っていたのを憶えている（連載名：「元気東海をあるく」）。また、レギュラー・コーナー以外にも、特に週末には、ウォーキング・マップが掲載されているのを折々に見か

けた。仕事が決まってから間もなくして独立した際は、地元の中日新聞を購読に選んだが、やはりここでも、連載記事や単独記事としてウォーキング・マップをよく見た。これらのコースをいつか歩いてみようという志から、当初は小まめに切り取っていたものだが、結局は日々の生活に埋没したあげく、黄ばんだ紙切れだけが残されるのだと悟り、徐々にやめていってしまった。

それに、ウォーキング・マップに含まれる情報は、新聞記事をスクラップ・ブックにわざわざ集めなくても書籍として一括で手に入れられるということにも気が付いたのだ。新聞に載るウォーキング・マップは、戦国期や江戸期をテーマにした〈歴史学習派〉向けのものが多かったので、愛知県高等学校郷土史研究会編の『愛知県の歴史散歩（上・下）』（二〇〇五）を購入し、スクラップ記事への未練を断ち切った。なお、ウォーキング・マップ的なテキストは書籍店内の「趣味」、「娯楽」ないし「旅行」コーナーに必ず置いてある。ここには、装丁も価格も定期刊行物に近似した商品がズラリと並ぶ。美味しいレストランやお勧めのお店などの情報とパッケージされているこの形態は、歴史マニアとまでは行かないが、古《いにしえ》の雰囲気にちょっとだけ浸りたいと思っている〈歴史気分派〉にきっと受けがいいだろうと見受けられた。

これら有料のウォーキング・マップは、消費推進型と健康推進型に大別できる。消費推進型のウォーキング・マップは歴史気分派向けのものに当たる。歴史を味わおうという名目で本来ならばきっと歩行することもなかっただろう沿道での買物や飲食を勧め、地域にお金を落としていってもらおうという、いわば客寄せ兼用のマップだ。それに対し、歴史学習派向けのものは、歴史を学ぼうという名目で散策してもらい、足腰の衰えを防ぐための運動を促進させる、いわば健康管理をもくろんだマップだ。

特に「愛・地球博」万国博覧会が開催されていた二〇〇五年の前後は、消費推進型のウォーキング・マップの類は利用者がお金を支払うまでもなく複数のバージョンが街の方々——各駅の改札口付近、松坂屋を始めとする店頭、観光案内所、市の施設、美術館・博物館の受付付近など——でサービス提供されていた。今でも記憶に残っているのが名古屋市西区の産業技術記念館を訪れたときのことである。屋内通路の脇に何気なく目を向けてみると、西区エリアのみのウォーキング・マップが五、六種類ほど陳列してあった。当時、ウォーキング・マップのアマチュア・コレクターと既に化していた私は、全種類をホクホクと持ち帰ったが、その後、収集していたマップの収拾がつかないという事態に陥り、今は、西区の老舗と寺社の位置をピンポイントで明記した「ものづくり散歩地図」（ものづくり復権会議）のみが手元に残っている。

上記は、観光などを目的とした訪問客のためのウォーキング・マップであるが、それ以外にも、この地域の定住層を対象とした消費推進型ウォーキング・マップというものもある。私がたまたまピックアップしたのは「藤が丘お散歩マップ」、「覚王山マップ」、「星が丘ストリートマップ」、「八事セルフガイドマップ」、「今池北商店街ぶらりマップ」であるが、これらは各地域の商店街振興組合が作成したものである。観光客用の消費推進型ウォーキング・マップは歴史情報とセットで店の情報などを提供するが、このような地元住民向けのものの大半は、消費活動に直結する情報のみを載せている。各マップに掲載されている店が店頭に置くことが基本であるらしく、私の場合、たまたま立ち寄った居酒屋、美容院、喫茶店などのレジ横などにあるものを持ち帰った。

なお、健やかな市民生活を推進するという観点から行政が無料配布する健康推進型のウォーキング・マップもある。私の手元には「名東区史跡散策路」（名古屋市名東区役所地域振興課）、「緑区散策マップ―扇川緑道コース」（緑区ルネッサンスフォーラム〔緑区役所地域振興課内〕）、「天白区史跡散策路＆楽楽ウォーキングマップ」（名古屋市天白区役所まちづくり推進部地域振興課）と「文化財マップ　にっしんの歴史散歩」（日進市役所社会教育課文化財係）がある。これらは、国土交通省・日本道路公団・愛知県・名古屋市が共同で出しているフリーペーパー、「地域情報マガジン　ぐるり」（三三号、二〇〇四年一一月発行）をたまたま読んでいて手に入れたものである。フリーペーパーの記事には、「晩秋の1日、マップ片手に街を歩いてみませんか？　ウォーキングで健康づくりとともに、今までしらなかったいろいろな街の表情を発見して、これまでと印象が変わるかもしれませんよ」という文言とともに各マップを入手する問い合わせ先が記載されていた。これらのマップは、市販の健康推進型のものと同様、旧街道巡り、寺社巡り、史跡巡りをテーマにしたものが多いが、季節ごとに区内で生息する植物や昆虫・鳥類の解説もプラスアルファされている。

ウォーキング・マップとは、つまるところ、どこを何の目的で歩けばいいのかを教示するマニュアル・テキストであるが、これだけ多種多様なバージョンがあるということは、自分の足で移動するという行為からそれだけ疎遠な生活を現代人は送っているということが、或いは示されているのかもしれない。このウォーキング・マップ・ブームは、ウォーキングそのものが〈必然〉という名のブームであった江戸時代の人々にはどう映るのだろうか？　江戸期にタイム・スリップし、「今の日本では、消費活動や健康管理を促すために、ウォーキング・マップというものがどこかしこでも手に入りますよ」と言ったら、きっと首を傾げるのではないだろうか。

また、このブームは二〇〇年後の未来でもなお続いているのだろうか？　「ウォーキング？サイボーグ技術の進化により人間の身体そのものが自動車であり、電車であり、飛行機の時代ですからねぇ。ああ、でも、そう言えば、人類の原型を勉強する授業は義務教育の一環にありますよ。ただ、そうは言っても3―Dサイバースペースで〈二足歩行の原理〉を模擬体験するだけですからねぇ……」と未来人は言うかもしれない。つまり、ウォーキング・マップ・ブームが当世限定の珍現象であるという可能性は充分にありうることなのだ。

可視化される街路

さて、ここから、マップというテキストがいかにして権力性を発揮しうるのかという点に特化して論考を進める。

そもそも、前近代において、テキストは、マップを含め、その秘密性が権力を維持する鍵とされていた。この戦略の代表例として挙げられるのが『聖書』と呼ばれているテキストである。聖書の英語版は、ジョン・ウィクリフという英国オックスフォード出身の神学者によって一三八二年に史上初めて出版されたと言われているが、その当時の教会がもっとも広く使用していた聖書は西暦三八三年に出版されたウルガタ聖書とも呼ばれたラテン語訳のものであった。このような古典が約千年もの間、現代語訳されることもなくなぜ使用され続けていたのか。それは、聖書を解りやすい言語に訳せば、俗人が神の言葉を勝手に解釈しだし、聖職者の権威が地に落ちると恐れられていたからである。実際、その後、一四五〇年代に誕生したグーテンベルク活版印刷機を始めとする複製技術の進展を背景に、本文をギリシア語訳した新約聖書をエラスムス［1469頃-1536］が一五一六年に出版し、続いて、ルター［1483-1546］は「九五ヵ条提題」を一五一七年に発表した五年後にエラスムス版のドイツ語訳を出版している。ウィクリフの死後四四年目にして、彼の遺骨を掘り返し、粉砕した後に河川にばらまくようにと当時のローマ法王が言い放ったという逸話からも、カトリック教会の権威が神の言葉の普及によっていかに傾いたかが想像できよう。

前近代において、マップというテキストもマル秘情報であった。特に大航海時代のヨーロッパにおいて、新発見の地をマップ化することは所有権獲得と密接に関係しており、また、中世期の城下町は常に外敵からの侵略を警戒していたため、城壁内の見取り図は伏せられていた。日本においても、特に城やその敷地内の図面は門外不出扱いであったため、明治期前に絶えた城の復元は今や不可能だ。実際、ローマ法王への進物として織田信長がヴァリニャーノと天正少年使節団に託した屏風絵に、唯一、安土城の姿が残されているという説話に賭け、その発掘捜査を嘆願しに安土町の市民団がローマまで参上しにいったほどである。また、伊能忠敬が作成した「大日本沿実測図」縮図の国外持ち出し計画——通称〈シーボルド事件〉——に対する処罰からも、幕末期に至ってもマップは機密文書として扱われていたことが明らかである。

ところが、国民国家という近代組織が一八世紀以降に誕生する中で、その権力はあるテキストの秘密性によって堅持されるどころか、あるテキストが広く遍く普及することが必須条件になる。例えば、日本国の法体制の基盤を成すのは憲法、刑法、刑事訴訟法、民法、民事訴訟法、商法を含む六法である。数年前のある日、古本蚤市を冷やかしていたのだが、『六法全集』が販売されていることに違和感を覚え、思わず詠嘆したことがあった。すると、そこにいた店主が「一〇円で売る」と申し出てきた。「こんな重いもの、持ち帰るのが大変だ」と返したところ、「タダにする」と戻されてしまい、最終的には「確か、うちには既に一冊あったから」と後ずさり体勢で去ったことがある。

体制の要（かなめ）であるテキストがこうまで無作法に流通しうるとは何たることだが、ベネディクト・アンダーソン（一九九一、一九八三、一六三―一八五頁、第一〇章を参照）が指摘するところによれば、統治下にある空間のすべての要素をあらかじめ体系的に分類し、この俯瞰図を既成事実として述べたテキストをとめどなく周知することによって権力を維持するのが、むしろ、近代国家の常套手段である。

この要点を整理するために、〈レストラン〉という空間における〈メニュー〉というテキストの意義を引き合いにしてみたい。レストランにメニューが付き物なのはなぜだろうか。それは、メニューは、注文しうる〈食事〉のすべてをあらかじめ提示することによって、実は、〈食事〉の取り得る可能性を強硬に制限し、そうすることによって〈レストラン〉という統治可能な空間を保しているからである。つまり、レストランがレストランとして存在するためには、メニューというテキストは必要不可欠であり、また、〈国家〉という空間も、メニューと同等のテキストによってその運営能力を確保していると考えられる。しかも、国家はレストランよりも広大で複雑な組織であるため、その存続維持のためには幾種類もの〈メニュー〉を要すると考えられる。アンダーソンによれば、「マップ」は、「人口調査」や「博物館」と共に国家の統治のありかたを具現する〈メニュー〉の代表格である。

無論、〈メニュー〉は万能なテキストではない。メニューを無視してオーダーするわがままなお客様がいたり、メニューの内容に飽きられ、客足が遠のいたりすることもある。が、その場合、そのお客がお得意様ならばレストラン経営者はそのわがままを聞き入れるだろうし、また、メニューの内容を刷新することだってある。これに匹敵することを国家も、例えばマップに対して実行すると考えられる。そして、実は、ウォーキング・マップというテキストには、これまでに取り上げてきた出版業界、商店街振興組合や行政によるものでない、消費推進型にも健康推進型にも該当しない類のものがある。それが、「まちづくり活動」の一環として作成されたウォーキング・マップである。

「まちづくり活動」とは、「まち」を「つくる」(=活性化する)ことを趣旨とした一連の「活動」だと文字通りに解釈しても間違いではないが、固有名詞としてここで指しているのは、一九九〇年代後半以降に台頭した市民参加型のまちづくり活動のことである。「子育て情報MAP」、「昭和区グリーンマップ2006」、「伝えたい!歩いて知るレトロなまち」、「文化のみちストーリー」、「歩いてみつける城山・覚王山」などは「まちづくり活動」を通して作成されたウォーキング・マップの具体例であるが、その内容や様式は、有志の市民が協同で決めている。このプロセスを経て出来上がったものは、結果としてプロ顔負けの消費推進型、健康推進型刊行物に仕上がっていることもあるが、中には、どこに何が実際あるのかが分からないほどデフォルメされた、本人達にしか意味を成さない空間図である場合もある。それは、他の類のウォーキング・マップと異なり、その主要な目的は、共同でマップ作りをすることによって参加者たちの〈まち〉に対する意識を結束させることにあるからだ。だからこそ、この種のマップは、入手方法が他のマップと異なり、公共空間に必ずしも置かれているのではなく——私自身もそうであったように——「まちづくり活動」のイベントに参加したり、「まちづくり活動」に参画している個人と親しくなったりして初めて入手できるようなものである。

なお、「まちづくり活動」に参画する「市民」は、あくまでも自主的に集った市民であるが、その機会を設けたのは行政であったと言える。名古屋市においては、「名古屋市新世界計画2010」という一〇ヵ年計画が二〇〇〇年に市から立案されている。ここで、行政と市民・企業とのパートナーシップの中でまちづくりがこれから実行に移されるという指針が表示されたわけだが、このような制度改革的な試みは同時期に日本全国の各行政区で見られていたことである。そんな中、参画を要請することになる「市民グループ」をそれ相応のものとして認知するような仕組みを構想する必要が生じるわけだが、実は、特定非営利活動促進法(NPO法)が一九九八年に既に成立していた。この法律は、市民グループがグループの名称で電話回線を引いたり、オフィース・スペースを借りたりする法人格の権利を与えるものであり、団体単位としての社会的、法的立場を保障するものであった。さらに、一九九九年には、名古屋ボストン美術館とビジネス観光ホテルにはさまれて、名古屋都市センター（一一―一四階）が駅前ビルに移転しており、まちづくり活動関係のＮＰＯグループが集えるお箱も早々に配備されていた。まちづくり活動に市民が参画できるような体制づくりに行政がかなり意図的に取り組んできた経緯がここに見出せる。

先に強調したウォーキング・マップの多種多様性に加え、こうした新たな〈市民〉の声を取り入れた〈メニュー更新〉の構造が実在するということは、それだけ精巧に、それだけ重層的に都市空間の統治は成されていることが示されていると言えよう。

都市計画制度の舞台裏――まちづくり活動

前節では、特に「まちづくり活動」を通じて作成されたウォーキング・マップの存在が国民国家の磐石ぶりを示すものとして解説を加えたが、都市空間の統治における「まちづくり活動」の立ち位置を歴史的に捉えてみると、むしろ、その錯綜ぶりが浮かび上がってくる。

日本における都市空間の統治の歴史を「都市計画制度」――「都市計画法及びそれに関連する諸法規からなる、都市の基本計画の実現を図るための制度」（三船、八頁）――の成立から語ってみると、ハードウェアの管理を枢軸とした政策がその伝統的な姿として認められる。「東京市区改正条例」（一八八八年公布）が都市計画法（一九一九年公布）の前身だといわれているが、その中身を決める機関であった東京市区改正委員会の議事録などを復刻した『東京都市計画資料集成（明治・対象編）』［第一巻―三四巻］（一九八七）の編者、藤森照信は解説文で次のように言い及んでいる――

日本の都市計画は、明治、大正、昭和と一貫して土木工学的観点により推進され、もっぱら鉄道と道路の拡大充実に力を注ぎ、都市の美観とか公園のような、市民的憩いの施設の充実や住宅問題などには充分な配慮を行わなかったことが大きな特徴の一つだが、そうした土木工学偏向の体質はすでに（筆者による加筆：東京市区改正条例で採用された）芳川案に現れている。（藤森、六頁）

これが「偏向」であるという認識があるていど周知されていたからこそ、都市計画法制の大改正が成された一九九二年には、都市計画の概要を市民にわかりやすく伝達し、かつ、その参加を促すための工夫として、いわゆる「都市マスタープラン」――「名古屋市新世界計画２０１０」もその類のものである――の策定が義務づけられたと言えよう。また、一九八〇年代には、建物や道路（ハードウェア）ではなく市民の想いや街の雰囲気（ソフトウェア）を重視した都市計画のあり方を模索する理工学系の研究者が「現場」入りする研究スタイルが定着し（高田、一九九一を参照）、これを新たな都市計画理論の開発に結ぼうとする現代の動きに繋がっていっている（高見沢、二〇〇六を参照）。

そんな中、都市計画制度の舞台裏に目を向けてみると、せめぎ合いを孕んだ様相を目の当たりにすることができる。

例えば、今や行政用語としてすっかり定着している「まちづくり」という言葉であるが、もとはと言えば従来の都市計画のあり方に抵抗する市民運動から誕生している。一九五〇年代以降、高度成長期に頻発した乱開発や公害汚染に対して異議を唱える市民の声が顕在化しはじめる。初期の抵抗運動のひとつに、名古屋市栄東地区（現在の中区新栄二・三丁目、東区東桜二丁目、東区葵一・二丁目）の道路拡大計画に対抗するものとして、市民が独自の整備マスタープランを編さんするということがあった（間瀬、二〇〇〇）。一九六三年に構想されたこの計画案を行政は採用しなかったが、この過程で、住民が自らのまちのあり方を構想し、行動に移すプロセスを意味する言葉として「街づくり」という言葉が誕生する（延藤、一九九〇、九頁）。

その後、「一九七〇年代前半、区画整理による道路拡張やマンション建設にともなう日照権の侵害などへの反対運動が起きたとき」に「街づくり」ないし「町づくり」は市民運動用語として一般化し、そして、これらの声を取り入れる中で地方自治体が公害対策の条例、歴史的環境の保存、景観に関する条例を制定し、「住民の身近な居住環境整備に向けて、住民の多様なニーズをくみあげ、計画への住民の参加をうながす」ニュアンスを持つ言葉へと変成していく。

そして、一九七〇年代後半になると、ひらがな表記の「まちづくり」が「街づくり」や「町づくり」から差異化されるようになる。特に一九八〇年代初頭以降の規制緩和政策によって開発事業が郊外に導かれると、衰退するインナー・エリアの再生を目指す市民運動が各都市部で展開するが、この動きに対して行政は協力的な姿勢を取った。研究者が市民目線にのっとった都市計画のあり方を求め、いよいよまちに繰り出すようになるのもちょうどこの頃であるが、表記の変化はより一層ソフト面を意識した都市計画を示すものとして、市民・専門家・地方自治体の共有用語へと化していく（延藤、一九九〇、一〇頁）。

ただし、共有すると言っても八〇年代までの「まちづくり」は行政主導型なものではなかった。立場が逆転するのは一九九五年を境にしてである――。

平成7年に起きた阪神・淡路大震災の際に多くの人がボランティアとして大きな役割を果たしたことなどがあり、市民のボランティア活動への関心が一層高まりつつあります。また、社会福祉や環境保全をはじめ、社会のさまざまな分野で市民による自主的な取り組みが盛んになり、その活動への関心と期待が高まっています。さらに、企業においても、さまざまな社会貢献活動が実行されています。こういった状況を背景に、平成10年12月には特定非営利活動促進法（ＮＰＯ法）が施行され、ＮＰＯに法人格取得のみちが開かれることになりました。これは市民活動を社会制度面から支えていこうという第一歩であり、今後、市民活動に対する社会的認知が一層高まっていくことが期待されます（名古屋市、一七二―三頁）。

以上は「名古屋新世紀計画２０１０」からの抜粋であるが、「まちづくり」という言葉がざっと数えて九七回は登場している。

「まちづくり」という言葉がたどった変遷を概観すると、誰が何のために行う活動なのかは時代によってかなりズレがあり、むしろ、さまざまな想いや立場のせめぎ合いを内包した言葉であると言えよう。この異種混淆性が、例えば、今日の「まちづくり活動」に参加する市民たちが自らのポジションをなかなか定められずにいるという状況を生じさせていると言えよう。

「名古屋新世紀計画２０１０」以降、市政は次の具体策を取っている。まず、ガイド・ボランティア制度を導入するとともに市民の意識喚起を課せられたコンサルタントを各地区で採用する。そして、新聞や「広報なごや」という行政のフリーペーパーをベースに、何はともあれ、まちのイメージを持つために外に出てみんなで散策してみましょう、と「まち歩き」の召集をかける。先に紹介した「まちづくりウォーキングマップ」がその成果として残されるわけだが、私個人はこの時期を体験はしていない。私がフィールドワークを開始したのは二〇〇四年ぐらいからで、当時は、マップづくりを通して得た発見が市民の意識にさらに内省的に根付くよう、フォーカス・グループ演習を慣行したり、都市センターなどで発表会や座談会が実施されたりしていた。

これら一連の活動は「ワークショップ」と呼ばれる合意形成を得るための方法論を模倣したものである。社会科学の分野では一九六〇年代のシカゴ学派がその開発・普及の一躍を担い、今や企業のリーダーシップ研修やマーケット・リサーチなど、幅広く応用されている手法だが、日本のまちづくり分野においては、一九七九年のローレンス・ハルプリン来日を機にその導入が始まっている（木下、二〇〇七参照）。フィールドワークを開始した当初は、これを行政主導型のまちづくり活動にまるで移植しているかのように見えたため、懐疑的に傍観していた。しかし、あるとき、ある市民グループがコンサルタントの介入無しで自主的にウォーキング・マップを作成している現場に出くわすということがあった。

当時、「何でこんなことをするんですか?」と作っている人たちにしつこく問いかけてみると、さまざまな答えが返ってきた。「仕事につながる可能性があるから」とスキル向上や収入源の確保を挙げる回答パターンに出会うこともあった。また、「おもてなしの心を持つことが自分自身にとって大切だから」と自尊心を理由として挙げるパターンの答えも伺った。さらに、「こういう活動でもしていなかったら絶対に会わないような面白い人と知り合いになれるから」と人生の潤いを理由に挙げるパターンもあった。「いろいろ発見しているのが楽しいから」という個人の精神世界の充実が理由として挙がることもあった。そして、ニコニコするだけで回答しようとしない、フィールドワーカー泣かせのパターンにもよく出くわした。個別の答えは、以上のパターンの組み合わせであることが多く、また、同じ個人が違う機会で違う答えを提示するということもよくあることであった。

以上に挙がっていないのがボランティア精神・コミュニティ精神を尊ぶがために、という返事だが、そういった主旨の答えはあるにはあった。そもそも、言葉にしようとしまいと、公共性への意識が芽生えていなければ、まちづくりという活動は続けられるようなものではない。しかし、ここで注目すべきは、質問された人たちがこの優等生の答えを積極的にすることはなかったという事実である。つまり、いい子ぶったり行政に迎合したりするためにやっているのではない、ということを強調する意図をもって私に回答する人たちが多かったのである。行政の言いなりにはなりたくないが、市民がそもそも率先して勤しむようなまちづくり活動の場を行政が提供している。この板ばさみの状態で自らの立場を表象することに苦しむ市民の姿をここに見たような気がする。

総じて、まちづくり活動に参加している人たちは、私が現場で出会った行政関係者も含め、オルターナティブな空間を創造していると実感できるような状態を確保したがっていると感じたが、それには様々な苦難が伴うものである。

私自身が歴史を志向する者であるゆえ、歴史的建造物をどう活かしていくのかに取り組む二つの市民グループに出入りしているのだが、両グループとも二〇〇七年にNPO法人化し、行政所有の施設の指定管理者として名乗るに至っている。今、ちょうどNPOの代表者が名古屋市都市景観室（住宅都市局）や名古屋市都市整備公社（市の外郭団体）と連携しつつ、市民が集える新たな公共施設を立ち上げる作業に取り組んでいるのだが、傍観者として見えてくるのは、お箱が主役になっているまちづくりである。無論、修繕工事を進めているこの段階で、市がその建設費等を負担する中、そうなるのは当然と言えば当然である。しかし、その一方で、建設の指導監督をしている市や市の外郭団体がＮＰＯに常に向けるメッセージは、「一旦お箱の整備ができたら、ＮＰＯの活動そのものに対する補助金はいつまでも出るわけではないので、経済的に自立して運営できるような仕組みをＮＰＯさんのほうで作ってくださいね」といった内容のものである。

これは、ＮＰＯの性質を勘案していない要求のような気がしてならない。先に引用した「名古屋新世紀計画２０１０」の文中に米印で示された脚注には「ＮＰＯ　継続的・自発的に社会的稼動を行う、営利を目的としない団体」と書いてある。非営利団体でなければいけない性質上の組織が経済的に自立するのはお金儲けの仕組みを考えるよりも難しいような気がする。また、同引用文中にも明記されている通り、一九九五年以降の行政による「まちづくり活動」の推進には阪神淡路大震災の市民活動が理想モデルとして掲げられているが、あれは非日常の出来事であり、あの時のボランティアは継続が前提になかったからこそ可能であっただろう現象なのに、それをモデルに、この資本主義体制の中で営利を目的としないボランティアを経済的に自立して継続しろ、というのは神わざを求めるに等しいのではないだろうか。

結びに代えて

せめぎ合いは今もなお続いている。こうなってくると、構造改革にどう取り組むのかという根本的な問題につなげて考えていくしかないだろう。現段階において、名古屋市の行政体制にはハードウェアの担当者は多くいるが、まちづくり活動関連のＮＰＯ法人の窓口となる担当者が一人もいないということだ。そのような袋小路状態がどうなっていくのかをこれからも見守っていきたい。

これから百年、二百年後、「まちづくり活動」の中で作成されたウォーキング・マップはどうなっているのだろう？　ＮＰＯ法人による「まちづくり活動」が制度として定着し、行政という組織におけるその役割が拡大するのであれば、地方自治体の博物館にでも歴史的資料として展示されているかもしれない。さもなければ、少なくとも研究者としての生活を続ける限り、私はこれらのマップを保存し続けるので、この論文をたまたま読んだ未来の研究者が私の子孫にでも連絡を取って資料請求するのかもしれない。仮にそんなことが起きたら楽しいのに、などと淡い思いを抱く。

まちづくり活動のウォーキング・マップが公（おおやけ）のものとして定着するのか否か、また、ウォーキング・マップというテキストそのものの権力性はどうなるのか、未来が明かしてくれるだろう。

参照文献

Harley, J.B. and Woodward, David (eds), 1987~, *The History of Cartography*, University of Chicago Press.

黒田日出男、ベリー・メアリ・エリザベス、杉本史子編、二〇〇一、『地図と絵図の政治文化史』東京大学出版会

愛知県高等学校郷土史研究会編、二〇〇五、『愛知県の歴史散歩（上・下）』山川出版社

Anderson, Benedict, 1991, 1983, *Imagined Communities*, Verso.

アンダーソン、ベネディクト（白石さや、白石隆訳）、一九九七、『増補　想像の共同体――ナショナリズムの起源と流行』ＮＴＴ出版

高田昇、一九九一、『まちづくり実践講座――育つ都市へ・参加と行動のシステム』学芸出版社

林泰義、二〇〇五、『季刊まちづくり９　０６０１』学芸出版社

佐藤滋編、一九九九、『まちづくりの科学』鹿島出版会

延藤安弘、一九九〇、『まちづくり読本』晶文社

延藤安弘、二〇〇一、『「まち育て」を育む』東京大学出版会

藤森照信、一九八七、『東京都市計画資料集成（明治・大正篇）――第Ⅲ期　解題』本の友社

藤森照信編、一九八七、『東京都市計画資料集成（明治・対象編）』第一巻―三四巻、本の友社

高見沢実編、二〇〇六、『都市計画の理論――系譜と課題』学芸出版社

名古屋市、二〇〇〇、『誇りと愛着の持てるまち・名古屋をめざして名古屋新世紀計画２０１０』石田大成社

三船康道、まちづくりコラボレーション、二〇〇二、『まちづくりキーワード事典　第二版』学芸出版社

間瀬寿夫、二〇〇〇、「まちづくりのルーツは名古屋にあり」、『まちの雑誌』五号、二〇〇〇年四月、風土社、一二七―一三〇頁

木下勇、二〇〇七、『ワークショップ――住民主体のまちづくり方法論』学芸出版社

「マダン」へ行こう！「マダン」で会おう！
——在日コリアンの文化政治の展開とそのジレンマ

稲津秀樹

「マダン」と呼ばれるまつりの存在をご存知だろうか？　「マダン」は、朝鮮語で「마당」と書き、元々「広場」や「庭」といった意味を有する言葉であるが、現在では、在日コリアンが関わる「民族まつり」を指して用いられるようにもなっている。

その数は、全国各地、約三〇箇所以上に上ると言われる。中でも、在日コリアン人口が多い京都・大阪・神戸を中心とした京阪神地域においては群を抜いて多く、半数以上の「マダン」の開催地が、この地域に集中している。開催時期は春もしくは秋頃で、場所は学校の校庭や駅前広場などを利用する。そこでは、民族料理・雑貨の屋台がずらりと並び、民族文化が次々と披露されていく。規模は、数百人〜数万人規模のものまで様々である。

「生野民族文化祭」の様子。太田(1987)より転載。

こうした「マダン」の拡大は、「猪飼野」という、大阪市生野区の在日コリアンの集住地域で一九八三年に開始された「生野民族文化祭」を一つの契機としている。その特徴は、民団・総連といった既存の民族団体と距離を置きながらも、運営とパフォーマンスの全てを在日コリアンが担っていたことである。なぜならば、この「民族のマダン」とは、「民族文化」に触れることによって、「祖国の統一を心から願いつつ、日本社会の厳しい差別と抑圧によって奪われてきた民族性、人間性を回復していくための心からの闘い」の場であったからに他ならない（金、一九八五）。

こうした「生野」の姿勢に触発される形で、とりわけ一九九〇年代以降、「マダン」は、その数を順調に増やし続けていった。しかし、「マダン」の拡大後、「生野」のような「在日のマダン」は次々とその姿を消していく（「生野」は二〇〇二年終了）。その理由として、二〇〇五年に兵庫県芦屋市で開催された「まちづくりマダン交流会」にて、「生野」と同様に「とことん『在日』にこだわった」「長田マダン」（一九九〇年開始・二〇〇三年終了）の関係者は、そのこだわり故に、次世代の在日コリアンにその「思い」を伝えることが困難であったことを語っていた。

こうした「在日のマダン」が終了していく一方で、現在では、在日コリアンよりも日本人の教育関係者や地方自治体が開催に大きく関与する「マダン」が増えてきており、その多くが「地域」における「多文化共生社会」の実現を目標に掲げているとされる。だが、こうした「共生」のイメージを人々に想起させる意味で重要な役割を持つ「地域のマダン」でも、参加する民族的少数者に対して一面的な「マイノリティらしさ」を求め過ぎている側面があるのは否めない。

こうした文化政治をめぐる困難な状況に「マダン」が直面する中で、今回のカルチュラル・タイフーン内でのシンポが開催された。参加したのは、発表順に「統一マダン神戸」（兵庫）、「東九条マダン」（京都）、「尼崎民族まつり」（兵庫）、「Friendship Day in SANDA」・「ふれあい芦屋マダン」（共に兵庫）に関わる実践者と研究者である。

そこではまず、相互排他的に独立して存

在しているととらえられがちな「在日のマダン」と「地域のマダン」の特徴が、その実、複雑に織り交ざっている空間として「マダン」を捉え直すため、〝グローバル〟と〝ローカル〟という二つの視点から、各「マダン」について報告して頂いた。

その上で、「芦屋マダン」に関する報告で私が注目したのは、新たな担い手としてのペルー人の参加を促す契機となった、あるコリアンニューカマー女性と実行委員会メンバーとの偶然の出会いをめぐる語りであった。予定調和的に進行するプログラムから外れたところで起きた人々の「出会い」には、本質的な「民族文化」を披露すること／披露されることにこだわり続けるが故に硬直化しているようにみえる、現在の「マダン」をしなやかに乗り越えていく可能性が秘められていると考える。

まつりの空間における、こうした「偶然性」の担保／探究こそが、「マダン」をめぐる実践的／理論的な課題として、今後、ますます重要となってくるだろう。

参考資料

太田順一、一九八七、『女たちの猪飼野』晶文社

金徳煥、一九八五、「民族のマダン（広場）――生野民族文化祭」『月刊社会教育』二九、二九―三四頁

変質者とは何者であったか

竹内瑞穂

一九三一（昭和六）年一月、雑誌『社会事業』の企画として、「変質者問題座談会」が開催された。出席者は総勢一七名。そのなかには呉秀三、森田正馬、三宅鉱一といった、当時の精神医学界の大物らの名が並び、その他のメンバーも大学教授や病院長、また少年審判所・警視庁・刑務所などの関係者によって占められていることから、なかなか力の入った会であったことがわかる。この座談会では、「変質者であることから、変態的言動を為すものが、多く社会の公安を害してゐる」現在において、それら変質者たちをどのように処置してゆくべきかが検討されている。例えば、変質者専用の国立病院を建て、そこに「収容」すべきだとする案、軽度の変質者を対象としたブラックリストを作成し、公的監視下におくべきとする案、その人間が変質者と確定すれば、「断種」を実行すべきだとする案などが挙げられ、その実行可能性も含め、活発な議論が交わされていたのである。

このように、座談会出席者たちの鼻息は総じて荒い。なぜ、彼らは変質者の対処にこれほど心を砕くのか。また、この変質者の認識をめぐる、当時と現在のギャップは一体何なのだろうか。

変質者という言葉は、今では性的ないたずらなどをする異常者といった意味で使われることがほとんどであろう。ところが、座談会当時は、もう少し広い意味を持っており、遺伝や中枢神経系の異常を原因とする、軽度の精神病者を指し示す医学的用語であった。そもそも、変質者の「変質」とは、一九世紀半ば、フランスの精神科医モレルから始まり、その後ヨーロッパを中心に根強い支持を集めていった変質論に由来する発想である。モレルによると、現代人は酒精・麻薬などの中毒や、劣悪な社会環境によって「変質」しつつあり、それは遺伝的に拡散しうるために、最悪の場合、人間という種の絶滅へと進行してゆくという。

そして、この強迫観念的ともいえるような思想は、近代／西洋化に邁進する近代日本に、あくまでもまっとうな科学的知識のひとつとして、受け入れられていった。変質論が日本に伝えられた経緯は、いくつか考えられるが、なかでもクラフト＝エビング学説からの影響は大きかったと推察される。クラフト＝エビングは、サディズムや

マゾヒズムといった「変態性欲」の学問的分類を成したことで、今でも有名な人物であるが、彼もまた「変態性欲」は遺伝的・器質的「変質」を原因とする病であると主張していた。なお、クラフト＝エビングの影響力について考える際には、彼が当時ドイツ語圏の精神医学界を代表する世界的な学者であり、日本でも、帝国大学医科大学に設けられた、精神病学講座の教科書に彼の著書が使われるなど、その権威が認められていたという事実は押さえておく必要があるだろう。つまり変質者とは、当時の西洋医学・科学思想によって見いだされた、世界的にみても先端的かつ重要な概念だった。だからこそ、座談会の出席者たちもまた、それを近代的国家が真剣に検討すべき問題であると認識し、熱心な議論を展開していったのである。

しかし、この先端的で科学的なはずの座談会の議論から導き出された、いくつかの結論は、先に挙げたように極めて暴力的なものであった。変質者に対する、こうした取り扱いが当然視される背景には、具体的にどのような人々が変質者と見なされたかが関わっているように思われる。戦前期の文献、例えば通俗科学書を繙いてみれば、「不良少年」「猥褻行為者」「乞食」「淫売婦」などが、変質者の例としてよく並べられている。この時期のテキストでは、社会通念上、逸脱的だとみなされてきた人々とは、実はその多くが変質者であったのだ、という論法がまかり通っていたわけである。こうした変質者概念の恣意性や融通無碍さは、座談会の議論のなかでもしばしば確認できる。出席者たちは、「浮浪者」はもちろん、「反社会的」な「思想」の信奉者や、浜口雄幸首相の狙撃犯までもが変質者であるみなし、この会の議論の対象としていったのである。結局のところ、変質者という概念は、既存の偏見を正当化してゆくのに、ちょうどよい道具として使われていたといえよう。人を変質者と名指すことは、各人の置かれた社会的文脈などを考慮することなく、すべてを「変質」の結果として単純化し、一括して扱うことを可能とする。さらに、「変質」が遺伝や中枢神経系の異常といった先天的・不可逆的な原因を持つとされていたことで、正常な〈われわれ〉と彼ら変質者との差異は〈科学的〉に証明され得るとされ、その断絶が実はどれだけ恣意的なものであったかは、隠蔽されてしまっていたのである。

いま現在においては、変質論はその強い影響力を失い、変質者という言葉にも、かつてのような深刻なニュアンスは見受けられなくなってきている。だが、日常生活やマス・メディアの報道のなかで「この事件は変質者の仕業だろうか？」と語るとき、そこに単純化と他者化が志向されているのを見逃すべきではない。〈犯人〉は変質者であると、あらかじめ判断することで、思考停止が許される。この過程には、典型的な偏見（prejudice）の構造を確認することができるだろう。

「変質者問題座談会」は、その舞台を私たちの日常に移し、参加者を不特定多数に拡大しながらも、いまだ継続されている。自戒をこめて、こう結論付けておきたい。

むすび

名古屋発カルチュラル・スタディーズ——トヨティズムを生きるということ　鶴本花織

二〇〇七年に開催された五回目の「カルチュラル・タイフーン（文化台風）in名古屋――市民／文化／経済」は、「トヨティズム」をひとつの大きなテーマとして掲げていた。言うまでもなく、これは名古屋という都市がトヨタという世界企業とわかちがたく結びついているからだが、同時にトヨタに代表される新しい経済のあり方が、単に名古屋という都市の企業経済の問題ではなく、グローバルな規模で拡大しつつある文化、政治、経済、社会のある決定的な特徴を示していると考えたからである。

その意味で、「トヨティズム」を問うことは、私たちがどのような時代に生きているのかを問うことにほかならない。とりわけ従来のアカディズムを越境《トランス》する知的実践を目指すカルチュラル・タイフーンは、伝統的なディシプリンや制度、地域に限定されることなく、その活動を通じて実際に生活し、文化的な実践をしている人を巻き込みながら、その想いや具体的な経験を紡ぎつつ「生きられた経験」を記述しようと努力してきた。名古屋のカルチュラル・タイフーンも例外ではない。

「トヨティズム」現象一般については西山論文をはじめ本書に収められた諸論文の中で十分に紹介されているのでそちらを参照してもらうとして、ここでは、カルチュラル・スタディーズの実践としてのカルチュラル・タイフーン、つまりは文化を中心にして「生きられた経験」をどのように考えればいいのか、「トヨティズム」を生きるというのはどういうことなのかということを、本書に収められた各論考を俯瞰した上で論じてみたい。特に、たまたま実行委員長を引き受けることになり、本書の編者のひとりとなった立場からひとつのマッピングを示そうというのが本稿の目的である。

ヘゲモニーとしてのフォーディズム／トヨティズム

ここで「生きられた経験」としての「トヨティズム」を考えるためにも、その先行形態である「フォーディズム」について簡単に復習しておきたい。フォーディズムは、一義的にはアメリカの自動車メーカー、フォード社が始めた近代工場の生産様式を指しているが、同時にフォード社が提供した新しいアメリカの生活様式そのものを指す概念でもあった。特にカルチュラル・スタディーズの理論的源泉の一人であるアントニオ・グラムシ［1891-1937］は、フォーディズムという生産様式に自らの「ヘゲモニー論」を発展させる条件として重要な位置を与えていた（吉見、二〇〇一）。

グラムシはその遺稿、「獄中ノート」の中で、近代民主主義において「物質的生産」力を統治する階級は、「精神的（イデオロギー的）生産」ないし「文化」の領域を統治するだけでは不十分であり、対立する諸集団からの支配に対する「同意」を獲得することを必要としていると論じた。この合意形成（獲得）を核とするヘゲモニー論は、イデオロギーを支配階級が一方的に形成したとみなす経済決定論的な俗流マルクス主義を批判的に捉えなおした理論的転回であり、後のカルチュラル・スタディーズにも大きな影響を与え続けた。

グラムシは、フォード社による「新たな労働の諸方式は、人生の生き方、考え方、感じ方を特定する様式と切っても切れない関係にある」（Gramsci、二八九頁、拙訳）と指摘している。自動車製造会社が生産様式と生活様式を束ねて管理しつつ、労働者／生活者からの積極的な合意形成を獲得することによってヘゲモニーを制しているという考えはグラムシの「ヘゲモニー論」の中心にあるが、本書に収められた論考の多くもまたこのグラムシ的な理解を継承している。

本書の冒頭を飾っているのは、トヨタ社に季節工として侵入し、フィールドワーク調査を行った伊原亮司の論考である。これもフォーディズムを分析したグラムシと同様に、トヨティズムを生産様式と生活様式の総体として示そうとしている。伊原は、トヨタ社が編み出した労働の諸方式が、「正規労働者」と「非正規労働者」、「トヨタ会社」と「トヨタ下請会社」、「男性労働者」と「女性労働者」の間に実在する差異の構造をおおい隠しつつ、これら「ミクロの労働管理のあり方はミクロの『格差社会』を生み出す起点となっている」ことを指摘している。階層化やジェンダー・ギャップという生活様式のアクチュアリティが生産様式と構造的に直結していることを示す伊原の議論には、グラムシの声がはっきりと共鳴している。

また、グラムシのフォーディズムの議論の中に、今日のグローバリゼーションの問題が先取りされていることも確認しておくべきだろう。グラムシは、フォード／アメリカの資本主義体制において、自国の「労働者・農民の大衆が一つの『市場』とは考えられていな［く］……市場は、海外の、しかも後進諸国にあると考えられ、そこに、植民地や支配圏をつくるために政治的に侵入することが可能だと考えられている」（グラムシ、一二二頁）と指摘している。

本書に収められた西村雄一郎のコラムは、トヨティズムに内包する同じ意識の存在を示唆している。名古屋市内の高級住宅地区にもともと建っていた豊田喜一郎（トヨタ社の創立者）の別邸が、企業アイデンティティの表象空間である「トヨタ鞍が池記念館」へと一九九九年に移築されたことが西村の着目点である。夏目漱石の娘婿でもあった鈴木貞次によってデザインされた和洋折衷館――「このシンボルを豊田に移築させることによって、グローバル化に対応した新たな『豊田』という場所を創造しようとする企業の試みを読み取ることができる」と西村は主張する。

このトヨティズムにおけるグローバルな文化的ヘゲモニーを考えるとすれば、トヨティズムを「豊田」や「名古屋」というローカルな縄張りを越えた問題系として捉えていく必要があるだろう。では、トヨティズムのヘゲモニーとは一体何なのだろうか？

ディアスポラを強いるトヨティズム

トヨティズムの中でグローバルに流通するのは、商品のみならず労働力でもある。米勢論文に詳説されているとおり（六三―七二頁）、日本在住の外国人数は増加の一途をたどっており、二〇〇六年の段階で二〇〇万を突破している。一九九〇年の入国管理法改正により日系二世・三世が日本に長期滞在できるようになったことがこの流入の一因にあり、以来、主にブラジルからの入国者の過半数が東海地域を生活拠点にしている。

こうして東海地域が日系人労働者のいわばメッカになっているのは、製造業の働き手がこの地域でもっとも求められているからだ。この社会的立場から脱出できない状況は社会構造として重層的に決定付けられている。たとえば、米勢は、東海地区における外国人向け日本語教室の実態を報告しているが、とりわけブラジル人に関しては、「かれらの労働構造が変わらない限り、日本語習得は難しい現実が透けて見える。これらの日本語習得を妨げているのはトヨティズム的な生産―労働構造なのである」と指摘している。また、住民の過半数が日系ブラジル人である愛知県営団地において、生活習慣の違いを引き金とした住民摩擦について報告する松宮も、ゴミの捨て方や騒音に関する認識の違いを「文化」の違いに起因する「外国人問題」として片付けること自体が偏見であり、「外国人労働者として雇用することにより利益を享受する産業構造によって引き起こされた『強制されたフリーライダー』としてとらえるほうがより正確である」と言っている。同様の認識の下で、アンジェロ・イシは、「日本で流通している（日系）ブラジル人に関する報道や表象は、あくまでもホスト社会の側の都合、利害、偏見、先入観等に支配されている」と日系人の社会的流動性を阻む日本のマスコミ産業を批判している。

また、イシの論考によれば、日系人は日本で強いられる立場をある種の痛みとして体験している。その痛みとは、「日本で差別を受けて味わった挫折感や孤立感、そして母国を離れたことによって抱いている孤立感や断絶感」である。それは、たとえば、「デカセギの汚く、きつい側面を、排便という比喩を通して強烈に匂わせる」作品を生み出す「デカセギ文学」によって表現されている。そして、それは、「デカセギが、人肉色の斡旋業者にレイプされ、残骸を食われる危険性を伴う『死』に例えられ」る歌詞を創造させるような痛みなのだ。日系人が「デカセギ」を自称すること、それ自体に彼・彼女たちが経験する疎外感の甚大さがにじみ出ている。

ところで、カルチュラル・スタディーズは、このような痛みの伴う移動の経験を「ディアスポラ」という語で表現してきた。もともとはユダヤ人の「離散」を意味するこの語は、転じてアフリカから奴隷として新大陸に連れてこられた黒人の経験など広い意味で用いられている。この固有の思想的な用語の中で特に重要なのは、単に移動の経験ではなく、「故郷」から離れて暮らすという経験が何をもたらし、何を伴うのかを問うことである（クリフォード、二七七―三一四頁）。

イシの報告は、デカセギ・国外強制退去と、たとえば先進国の人々の海外留学・海外赴任とでは、同じ移動としても経験として決定的に異なること、つまり、安易な「文化相対主義」という概念には収まり切らない、圧倒的な権力の不均衡下における「ディアスポラ」という経験がいたるところに存在することを教えてくれる。

イシカワ・エウニセ・アケミの論考もまた、デイアスポラ的な経験がその経験者のアイデンティティ形成に何をもたらすのかを論じている。そこで描かれているのは、「日本人」というアイデンティティを自負して来日したが、日本で生活するにつれて「ブラジル人」というアイデンティティを請け負う「日系人」になっていく離散の人々の様子である。離散の中で生活する者にとっての「故郷」とは、向こう岸に浮ぶ蜃気楼のようなものなのだろうか。この幻を思慕することによって自己アイデンティティを見出す離散者は、皮肉にも、この思慕によって救われているということなのかもしれない。

蔓延するネオリベラリズム

ディアスポラが概念的に引く線は、移動を強制された人々だけが持ちうる固有のアイデンティティの問題を考察するには有効だが、今日世界中を覆い尽くしつつある、グローバルな資本と権力の包摂の問題を扱うには不十分かもしれない。

今日の我々を取り巻く「ネオリベラリズム」――「グローバル資本主義に適応するための規制緩和・市場主導の経済社会『改革』志向と、国家の所得再分配機能を低下させる社会福祉政策の抑制傾向、およびそれらに付随する、個人の自己責任を強調する価値規範」(塩原、九九―一〇九頁)――という風潮においては、移民・外国人はただ単に排斥されるのではなく、受入国の都合に合わせて選別的に取り込まれていく存在である。とすれば、ディアスポラという概念を通じて得る洞察を留めつつ、「デカセギ」が帰化するプロセスをトヨティズム的なヘゲモニーの完遂の瞬間として捉える必要もあるだろう。

オーストラリアにおける移民政策とネオリベラリズムの関係を説いた塩原良和の論考は、このような切り口を示す雛形である。塩原は、一九七〇年代におけるオーストラリアの「福祉多文化主義」が、一九八〇年代以降のネオリベラリズムの台頭により「改革」され、「公定多文化主義」へと質的に変化していったことを指摘している。

塩原によれば、この「公定多文化主義」のもとで入国が許可された移民は、国の即戦力になりうるような人材でなければならない。また、いったん入国した移民は、自らを

〈エスニック・グループの一員〉としてではなく、団交能力を持ち得ない〈ある独りの移民〉として自己同一視するように躾けられたという。フーコーが言うところの「従順な身体」のみが入国するからくりがこうして配備されるなか、国内における移民支援プログラムの効率化＝ネオリベ化＝予算カットがオーストラリア政府によって敢行されていったのだ。

　オーストラリアの事例は、トヨティズムとネオリベラリズムの関係を考える上でもとても示唆深い。たとえば、松宮が報告する愛知県営団地で起きた住民間のトラブルを参照してみよう。日系ブラジル人と「日本人」先住民との間で起きた対立は結局どう解消されていったのか？

　松宮によれば、「日本人」先住民は、「外国籍住民」というカテゴリーを補完する形で「地域住民」というカテゴリーを導入し、そのカテゴリーを「外国籍住民」の選定基準とした。つまり、「外国籍住民」に対して、「あなたたちは『地域住民』なんだから、この風習に従った生活をする義務がある」として、応じた外国籍住民を「地域住民」として取り込み、応じない外国籍住民を「地域住民」ではない部外者として排除したのである。つまり、日本社会の規範に応じる外国人のみを選別的に受け入れるというネオリベラルなロジックが働いたのだ。

　また、米勢が報告する日本語教室の事例でも同様のロジックが働いている。そこでは、二〇〇五年より遅ればせながら「多文化共生」を標語に掲げ始めた行政が、そもそもスタート地点で市民のボランティア活動にその運用をまかなわせようとしているという実体が描かれている。これも「多文化共生」という標語が、近年のネオリベラリズム的な動向と親和性が高いことを示している。こうした報告をオーストラリアの事例と比較すると、日本の移民政策は多文化主義の発展を飛び越えて、すでにネオリベラリズム的手法が導入されているといえるのかもしれない。
そして、このようなネオリベラリズムの浸透は、移民の生活のみならず地域社会の在り方そのものにさらなる変化をもたらしているようだ。

トヨティズム、市民活動、NPO法人の活性化のパラドクス

最後に、トヨティズムとネオリベラリズムが地域社会にもたらす変化を象徴的に示すものとして、近年の特定非営利活動法人（以下、NPO法人）の動向について触れておきたい。

NPO法人とは、特定非営利活動促進法（NPO法）が一九九八年に成立することによって誕生した新しい法人組織である。一九九五年の阪神淡路大震災の際、多くの市民が被災地の援助に自発的に向かったことに感銘を受けた行政が、そういったボランティア精神に基づいた活動を営む志のある市民グループに法人格を与え、社会的に活動しやすくする仕組みを考案したのだと一般には言われている。

けれども一方で、公益サービスの縮小化を図る行政の都合にも沿う仕組みであることも、しばしば指摘されており、実際、NPO法人が行政サービスの穴埋めをするような役割を担うという現象がおきている。NPO法人の活性化は、いわばネオリベラリズム的なイデオロギーを補完するものでもあるのだ。

本書には、具体的なNPO法人の活動に関する論考が二編収められている。渋谷典子の「『境界線上に存在する者』たち――時代の変化と労働法的課題」と拙論の「ウォーキング・マップに想いを馳せる――名古屋のまちづくりを事例に」である。

渋谷典子が代表理事を務める「NPO法人参画プラネット」は、「名古屋市男女平等参画推進センター（別名：つながれっと名古屋）」の「指定管理者」を二〇〇六年四月よ

り務めている。「指定管理者」とは、公共施設の日常的な管理・運営を、公務員や外郭団体員に替わって代行するＮＰＯ法人のことだが、この「指定管理者」制度に関して渋谷が指摘する問題点は、塩原がオーストラリアに関して指摘するそれと驚くほど類似している。ここでは人材が育てる対象ではなく効率化を図る対象として扱われているのだ。

プラネットが指定管理を務める「つながれっと名古屋」は、「男女共同参画社会基本法」が一九九九年に公布・施行されて以来、その推進を図るために全国各地で公設されたハコモノの一つであるが、「働く場において男女の均等待遇を推進するはずの拠点施設が女性の労働力を安価に活用しており、ねじれ現象になっている」と渋谷は批判している。

「まちづくり活動」においても、同じ筋立てで市民が行政に取り込まれそうな状況があることを鶴本論文は指摘しているが、その論考は、「ウォーキング・マップ」が市民を取り込む手法として用いられているということに重点を置いている。「歩く」という極めて日常茶飯事的な行為さえも「マップ」という近代テキストを通じてネオリベラリズムの中に引きずり込まれてしまう可能性がある——。彼女のこの指摘は、ネオリベラリズムが空間認識をも再編していることを示している。

ネオリベラリズムが空気のように浸透している中、そこから抜け出すためには鋭い批判力と創造力が求められているのだ。

越境《トランス》の契機

ここで今一度ふり返ってまとめてみると、本書に収められた各論考は、トヨティズムが強いるディアスポラの実相や生活空間としての「トヨタ王国名古屋」のネオリベ化の進展を分析したものが少なくないが、必ずしも「トヨタ」という具体的な企業を直接的な批判の対象としているわけではない。トヨティズムをグローバル規模の政治・経済・文化のヘゲモニーの一形式として考察する本書において、「トヨタ」という企業のみをトヨティズムを生んだ決定的な因子として扱うわけにはいかないのである。

ここで特に強調しておきたいことは、「トヨタ王国」のたもとで生活する者たちは、どこかでトヨティズムのヘゲモニー的編成に「同意」してしまっている張本人たちであるということである。しかし、我々がトヨティズムがもたらすヘゲモニー的な編成の一部に組み込まれてしまっているということは、その編成を内側から越境《トランス》することによって、それを組み替えることができる可能性も皮肉なことに示唆している。なぜなら、ヘゲモニーが形成されるためには、たえず対抗的なヘゲモニーを含む、さまざまな主体の合意形成を必要とするからだ。このような越境《トランス》の試みについて考えてみたい。

ここでいう「越境《トランス》」とは、いうまでもなく「翻訳（トランスレーション）」や「移動（トランスファー）」といった語の接頭辞として用いられる語であるが、ここで私はこれを、ひとつの場に留まらず複数の場を横断しながら、しかもそれぞれの場の固有性に徹底的にこだわる、ひとつの実践的な運動を示す語として用いたい。

これまでに取り上げてきた論考が示しているように、ヘゲモニーの支配的な編成は日常生活や労働条件に働きかけることによって、アイデンティティの囲い――ジェンダー・セクシュアリティ・階級・階層・エスニシティ・民族・人種――に圧力を与えるものである。そうであれば、支配的なヘゲモニーが強要するアイデンティティの構築に抗するようなアイデンティティ編成は、対抗的なヘゲモニーの瞬間として捉えられる。本書の二つの論考は、そうした実践に関する報告である。

ひとつは、阿部亮吾が報告する在日フィリピン人コミュニティの移民演劇に関するものである。阿部は、自らのアイデンティティを異種混淆的に再編成することによって自己未来像を創造していくフィリピン人コミュニティの模様を生き生きと描き出している。もうひとつは、鈴木慎一郎の日本のレゲエ・シーンに関する議論である。鈴木は、このシーンにおける実践が、ナショナル・アイデンティティとローカル・アイデンティティの表象が再編成される契機になっているということを詳細に検証している。越境的《トランス》なアイデンティティが協同で編み上げられるこれらの契機が、参加者たちにとって快楽を伴う経験であることが報告からうかがえ、これらの論考は、読者自身の経験に対してもさまざまな示唆に富んでいる。

けれども、以上のようなアイデンティティ・ポリティックスは、ヘゲモニーに抗する契機にはなりうるかもしれないが、それだけではヘゲモニー編成全体を覆すことはできない。なぜなら、ヘゲモニーは、社会の文化的な構造を形成し、その構造を通して行使されるものなのだから。とすれば、越境的なアイデンティティ・ポリティックスと別に、社会構造全体の直接的な変容を求めることが対抗的なヘゲモニー運動には必至であるかもしれない。そのためには、樋口拓郎が紹介するG8サミットへの抵抗運動のように、群衆として政治の場に出向き、広く社会に訴えたり、団体交渉能力を備えた越境的なネットワークを編成することが求められるだろう。

このような視点から再考すると、先に述べた「NPO法人」はネオリベラルなヘゲモニー編成の中にいながら、それを組み変えるような別の可能性を秘めているのではないだろうか。本書の中で、渋谷は、活動をつうじて「カスタマイズされた働き方」を提案できたことをNPO法人の成果として掲げ、同様に鶴本も、「まちづくり活動」が市民と行政が現在進行形でせめぎ合う現場となっていることを指摘している。そして、このような活動が従来の社会構造を見直し、その構造をよりしなやかなネットワークに取り替えていく契機になる可能性を身をもって示したのが、「名古屋台風」に積極的に関わってくれたNPO法人の方々である。

こうした越境的な実践は、言葉にするのはたやすいが、実際に行うのは実に大変である。NPO法人の存在そのものがネオリベラリズム的な状況から生じていることを批判的に捉えつつ、この制度に矛盾を感じつつも関わり続け、問題を一つ一つ解決していく我慢強さが求められるのだ。また、稲津のコラムが示すとおり、どんな市民運動も――特に活動が社会的成果を収めれば収めるほど――不本意な形で、支配的なヘゲモニーに乗っ取られる危険性は常に付きまとう。それどころか、いつのまにか実は自分が権力を振るう立場にいたなどということも充分にありうるシナリオだ。道のりは決して易くはない。

だからこそ、スチュアート・ホールの言う「保証のない／終着点が規定されていない（without guarantees）」、「開かれた地平（open horizon）」としての知的実践を模索し続けることが一層求められるのだ。そして、そのためには、エリート主義的な知的遊戯に耽溺するのではなく、サイードがしばしば用いることばを借りるなら「世俗的な（worldly）」な社会との関わりが必要とされるのである。また、既存の構造に抗するためのタフさ、他者を思いやる繊細さも必要とされるだろう。そして、さらに戦略的なしぶとさとともにいい意味での「いい加減さ」を備えることが重要かもしれない。こうした視点を供給するのが、本書の田中九思雄のインタビューである。

社会運動活動家としての人生を歩んできた田中九思雄は、国際社会におけるトヨタ社の立場を最も脅かしている問題のひとつである、フィリピントヨタ労組争議にも参画している。この問題と関わるようになった経緯について語る田中の言葉によって、「トヨティズム」の現実が突きつけられる。

興味深いのは、田中のインタビューにおける語り口において、ネオリベラリズム的状況に過度に悲観的になって、立ちすくんでいる様子がいっさい感じられないことである。やれる範囲内でやるべきことに淡々と取り組むこと。ネオリベラル化が浸透する文脈において人々のディアスポラ化を進めるトヨティズムへの対抗軸を強めつつある田中九思雄。豊田市に長年住み、トヨティズムの空気を吸ってきた人物が、今日この新しい役割を演じていることには驚きを覚えざるをえない。そして、田中九思雄という奇跡が実在するのならば、他の奇跡も可能なのではないか。知的実践が「開かれた地平」になりうる可能性が、まさにここに示されている。

カルチュラル・スタディーズ――「ローカルなるもの」へのこだわり

「カルチュラル・スタディーズ」は「文化研究」とも和訳できるため、カタカナ表記に示されるこの分野の特異性は時として認識しづらい。ここでは、カルチュラル・スタディーズを単なる「文化」の「研究」と一線を画しつつ、社会構造、国家体制やグローバル・カルチャーをローカルな文脈や実践から説き崩すための理論ツールを編み出してきたその歴史的な文脈を強調しておきたい。日本においてこの政治性をイベントとして具体化する試みのひとつが、「カルチュラル・タイフーン」であり、名古屋開催はその第五回目だった。過去を振り返れば、実際グローバルとローカルが交戦する場を構築しようという意気込みが、「台風」には一貫してあったように思える。第一回（東京、早稲田大学）、第二回（沖縄、琉球大学）、第三回（京都、立命館大学）では、「グローバル化の中の文化表現と反グローバリズム」が統一テーマとして掲げられていた。轟き寄せるグローバル化に対し、理論的かつ実践的に立ち向かっていきたい――こうした想いが台風の目の一つにあったことをテーマ・タイトルは物語っていた。

第一回から第三回まで、私自身このイベントの一参加者としてとりわけ印象深かったのは、中立性を装う「知識」の再生産工場に時として化す「象牙の塔」としての大学空間のあり方そのものを疑い、自問する主催者たちの姿である。グローバル化に対応した知的実践を行うためには、従来の大学空間の在り方を批判的に捉えなおす必要があると感じているように思われた。だからこそ、自己否定にも結びつきかねない難しい立場にあえて自らをさらし、その結果起こりうることかもしれないさまざまな問題を、主催者たちは回避せずに正面から引き受けようとしていたようにみえた。

実際のところ、最初に関わっていた人がどう思っていたのかはわからない――けれども、少なくとも私にはそう映った。いま振り返ると、このスタンスに突き動かされたために、この「学会」として組織されているわけでもない流動的で不定形の「台風」の世話人を引き受けることを決意したように思う。

前回の第四回目は下北沢の商店街、そして第五回目は名古屋城の東玄関口より広まる東区一帯が台風の開催地であった。大学空間ではないローカルな「まち空間」が選ばれたのは、従来にない「思考」のあり方を試みながらグローバルとローカルの関係を読み解いていく「場」を作りたかったからだろう。むろん、開催地や会場の選定のみでこのことが実現されるわけではないかもしれない。けれども大学人だけではなく、名古屋市内で活動する多くの市民グループが運営レベルで参加していたというのが名古屋の台風の特徴であり、彼・彼女たちの活躍なくして名古屋で「台風」は発生しなかった。

この地域のまちづくり活動団体であるNPO法人橦木倶楽部の理事長、中山正秋はカルチュラル・タイフーンを全面的にバックアップすることになった（「行政と市民の共同の実践」、一二一―一二二頁）。この地域における氏のネットワークやノウハウによって我々は幾度となく救われ、勇気づけられたことは記しておきたい。中山は、ワークショック・セッションに報告者として参加したほか、五十嵐素子が報告している「まち歩き」イベント（「まちを歩く・経験をつなぐ――「まち」をめぐる経験の政治性」、一八六―一八七頁を参照）のプロデューサー役をも引き受け、さらに、自身が教壇に立つ明和高校を台風の上映会場として使用できるように取り合った（映画上映の趣旨については、岩崎稔の「複合的なコンテクストに向き合う――『移民の記憶』セッションから」、八三―八四頁を参照）。同団体のメンバーである加美秀樹は、「野外活動研究会」という在野の研究グループの一員でもあるが、「展示セッション――カルタイ名古屋vs.野外研」（一九〇―一九四頁参照）で報告されているとおり、台風中は展示ブースの担当をした。

パラサイトシネマとのコラボレーションも、今台風のハイライトだった。会場は、初日のワークショップ・セッションが終了した後に、重要文化財に指定されている大正一一年建設の旧名古屋控訴院庁舎・現名古屋市市政資料館の前庭に設けられた宴の場である。北川啓介率いるパラサイトアーキテクチャは、通常、市民に開放されていないこの空間の使用許可を得て、そこで台風公募の映像作品の投影を行った。ビールにピザや焼きそばをほおばりながら地面に投影された映像をネオ・ゴシック様式の石段から鑑賞した名古屋の夜は、魔術的リアリズムとでも呼ぶしかないようなひとときだった（「名古屋生まれのパラサイトシネマ」、一八四―一八五頁）。

本章には、実行委員のコア・メンバーとして大活躍した副実行委員長の西山哲郎および大学院生（当時）の渡辺克典や竹内瑞穂のコラムが掲載されている。コラムは、「トヨティズム」というテーマを直接扱っているわけではないが、文化や社会に寄せる彼らの関心や想いがカルチュラル・スタディーズと通底していることを物語っている。日本におけるカルチュラル・スタディーズの導入が始まって一〇年たらずの中、本書は、カルチュラル・スタディーズの運営を通じてカルチュラル・スタディーズの実践に関わったひとたちのいわばスナップ写真集のようなものかもしれない。

シンポジウム開催の九ヶ月前から準備を始めたが、会期が近づくにつれ、「ローカルなるもの the local」と関わり合い続けることの難しさを幾度となく痛感した。そもそも、自らローカルな文脈に存在しながらその文脈を客観的に捉えようとする（客体視する）こと自体に困難は伴う。そうした客観的な把握を助けるものとしていわゆる「理論」が存在するわけだが、先に述べたように名古屋の文化台風の運営参加者はさまざまな経歴の持ち主であるがゆえ、大学アカデミズム内部のような共通用語はほとんど機能しなかった。また、ローカルな文脈こそ権力がもっとも具体的に顕在化する現場である。その渦中においてその批判を実践に移せば、どこに落とし穴が待っているやかもしれない。

しかし、振り返れば、この茨の道を選んで本当に良かったと今では思う。実際に「ローカルなるもの」を通過することではじめて得られる洞察の出発点に、我々はなんとか辿りつけたように感じている。カルチュラル・タイフーン２００７の会場はたまたま名古屋であって、内容は、ニューヨーク、ロンドン、パリ、東京で開催するのと全く変わらなかったなどと言うことはできない。ローカルな語りが聞えてくる論集に仕上がっていると自負している。

【追記】

「カルチュラル・タイフーン in 名古屋」は、自ら「越境」できないかを試してみたいという出来心で起こしてしまった風だった。準備不足がたたり、当然のごとく初っ端から問題の連続で、私自身は泣いたり怒ったりしているうちに、あっという間に台風は去っていってしまった。にもかかわらず、こうして成果本を上梓することができたのは、風を一緒に風を起こしてくれた人がたくさんいたからである。開催当日、三〇本以上の延長コードを持参して受付を担当した内藤さん。まち歩きのガイドを引き受けくれた、あの日もベレー帽をかぶっていた伊藤さん。いつの間にか居たり居なかったりした岡村さん。スタッフとして本当によく動いてくださった学生サポーターの皆さん。市都市景観室の職員の皆さん（彼らにとっては我々は宇宙人のように見えたかもしれないが、それでも協力してくださった）。前夜祭の会場としてお店を貸してくださったカンナさん。名古屋まで来てくれたハード・コアな「台風・ｉｓｔ」の皆さん。そして、その他大勢の吐息によって、二〇〇七年の夏、文化台風が名古屋で吹き荒れることになった。こうした方々にあらためて感謝することによって、結びにかえせさていただきたい。

参考文献

カルチュラル・スタディーズの入門書

吉見俊哉、二〇〇〇、『思考のフロンティア――カルチュラル・スタディーズ』岩波書店
本橋哲也、二〇〇二、『カルチュラル・スタディーズへの招待』大修館書店
上野俊哉、毛利嘉孝、二〇〇〇、『カルチュラル・スタディーズ入門』ちくま新書
ターナー・グレアム、一九九九、『カルチュラル・スタディーズ入門?理論と英国での発展』作品社
スパークス・コリン、一九九九、『カルチュラル・スタディーズとの対話』新曜社

フォーディズム／トヨティズム

Gramsci Antonio, Forgacs, David, ed. 1988, *The Antonio Gramsci Reader*, New York University Press.

グラムシ、アントニオ（片桐薫編訳）、二〇〇一、『グラムシ・セレクション』平凡社（なお、本書の吉見俊哉による解説も参照）

ディアスポラ

クリフォード、ジェームズ（毛利嘉孝他訳）、二〇〇二、『ルーツ：二〇世紀後期の旅と翻訳』月曜社

名古屋生まれのパラサイトシネマ

北川啓介

名古屋に代表されるような戦後復興都市において、住宅、余暇、労働、交通、歴史的建築といった機能の区画化と都市基盤の大々的な整備が都市計画の中心的政策として進められてきた。北川啓介＋宇野享＋井澤知旦／名古屋建築会議［NAC］が主体となり提案を続けるパラサイトアーキてくちゃは、こうした都市の区画を繋ぐアクティビティが欠けている状況に対して、空間的、もしくは、時間的な隙間（site）を探しだし、その隙間に最適な簡単な仕掛け（para-site）をくっつけることで、結果的にその間のポテンシャルを、仕掛けの数倍引き出すことを基本コンセプトとしている。

例えば、名古屋において、閑散としている地下街への出入口階段を座席と捉えれば、街中の劇場としても捉えられる点に着目し、階段の前面の壁へ映画を投影して匿名性の高い都市の人々の個々の興味に応じたコミュニティ発生の場としてのミニシアターとしたり、もしくは、自由に自分の特技を披露し教室のように解放したりと変貌させてきた。建築に内包されていた私有性を拡張し、建築の外へ、公共空間へと引き出し、いわば、公私の領域、もしくは、内外の関係をひっくり返す、反計画的なゲリラ活動である。超近代都市、名古屋生まれの活動であり、実践は名古屋工業大学大学院北川啓介研究室の教員と学生が実践している。

二〇〇七年にポルトガルで開催された第一回リスボン建築トリエンナーレでは、Urban Voidsという主題に対し、日本からの一チームとして、合計一三のパラサイトアーキてくちゃの提案と共に発表し好評を得た。こうした、私たちの実践は、法規制や政策といった俯瞰する視点からではなく、社会の最小単位である個人の領域から建築の専門家が取り組むことのできる上、建築や都市のフィールドに留まらずに都市イノベーションを喚起させるという点でEUや経済産業省からの依頼も受け、今後も、行政が介入したかたちで国内外での実践を継続することとなっている。

二〇〇七年のカルチュラルタイフーンでは、戦後に石原裕次郎が美しい意味で「白い街」と唄ったように、名古屋に存在するよい意味での空白部分に、若手アーティストの制作した映像を投影した。匿名性の高い公共空間を往来する一見、不特定多数の人々が、興味や趣味や仕事といった、抑もひとりひとりが備えている見え隠れする属性を、映像のコンテンツの属性によって引き出し、共通の属性からの出会いやコミュニティの形成等に期するパラサイトシネマを市政資料館前にて実践した。

作品は、若手の映像作家の発掘も視野に

入れ、公募によって選出され、本多桃子による「オゾンのダンス」、網盛さや香による「だって私も女の子だモン」、星裕子による「金魚づくし」、Taro Zorrillaによる「DREAM HOUSE」がそれぞれ上映された。カルチュラルタイフーンの意義に賛同して応募された社会的にも文化的にもメッセージ性の強い映像を、一見、自由のようで不自由の強い公共空間に投影することで、現代、都市、社会などを逆照射する場となった。カルチュラルタイフーンの参加者をはじめ、通りすがりの人々も加わり、映画館での経験とは異なる、パラサイトシネマならではの体験を楽しんでいただけた。

　既存の街に棲み込むことは、家から目的地への移動時間も余計な金も消費することなく、最小限の空間に棲みつつ最大限の生活を行う、限りなく合理的な生活様式となり得る。郊外住宅へ向かう都市圏の拡張の時代から、今世紀の都心回帰への住宅需要の流れは、職住近接の生活様式が現代人に受け入れられている現れでもある。それは近代が進めてきたトップダウンの政策の実践から、個々の状況から派生した工夫の実践ともいえる。特に、名古屋のように戦後、焼け野原になった都市の復興として、一〇〇メートル道路や真四角な白い建造物の林立が今に残る都市では、その空白へ仕掛け、寄生させる手法が他の都市での実践に比べ、極めて効果的であるのだ。

　空間的にも時間的にも極めて合理的と思われた近代に残る空白に仕掛けること。名古屋生まれのパラサイトアーキてくちゃは、一世風靡した近代化の後の都市の状況を変えるべく、これからも国内外で実践されていく。歴史の砂時計をひっくり返すのでもなく、途絶えるのでもなく、歴史の流れにも寄生する。ケチな名古屋人から生まれた発想と思えば、何ら新しいものでもないのだ。

まちを歩く・経験をつなぐ

五十嵐素子

「まち」をめぐる経験の政治

どこかを歩くということは単なる身体的運動ではない。考え事をしながら目的地へ移動したり、散歩しながら紅葉を楽しんだりと、歩きながら私たちは様々な活動を行うことで経験を形作る。

こうした経験の多くは「個人的な経験」として終わるかもしれないが、メディアを介してそれらを他者と共有し「社会的な経験」として経験する／させることもある。例えば観光ツアーだ。そこでは様々な媒体を通じて、町並みや場所を価値あるものとして経験しその経験に何らの見返りを払う。近年では、こうした観光にも使われる地図が、市民にまちづくりへの参加を促す行政の道具だての一つとなっているという（鶴本氏論文を参照）。市民らが地図を作ることで「まち」への経験を集約し、その地図を通じて他の市民もそれを共有し、まちづくりに関わってもらう。

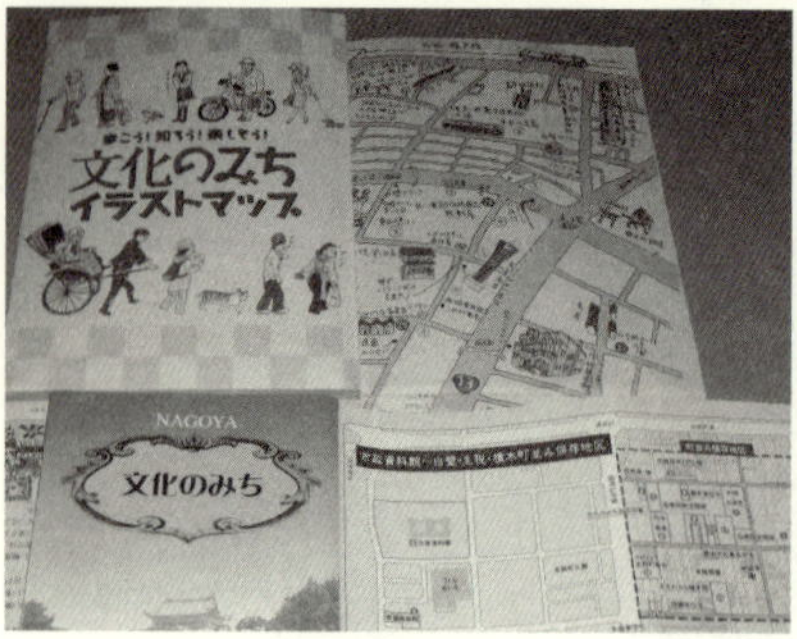

写真1
東区まちそだての会発行の「文化のみちイラストマップ」（上）、名古屋市発行の「文化のみち」案内図（下）

カルチュラル・タイフーン名古屋が開催されたのは、こうした「まち」をめぐる経験のあり方に対して、行政や市民組織が様々な試みを展開している（中山氏コラムを参照）「文化のみち」（写真1）というアリーナであった。

カルチュラル・タイフーン名古屋の「まち歩き」

開催会場である名古屋市政資料館と旧豊田佐助邸の位置する名古屋市東区は、江戸時代の武家屋敷、明治時代には陶磁器絵付けなどの産業が新興し、今でもその時代の起業家の邸宅が多く残されている。そこで、参加者にこの町並みの過去と現在に思いを馳せてもらおうと、「東区まちそだての会」の方々のガイド協力を得て、第一日目の午前中に「まち歩き」を行った。

写真2

写真3

六月とは思えぬ日差しの下に集まったおよそ二十名弱は、地元の学生・教員の他に海外からの参加者（ただし日本語は堪能）も含まれていた。まずは会場のネオバロック様式の建築美を誇る市政資料館の地下へ。元々裁判所であるとはいえ、いきなり目の前に現れた拘置所（写真2）を皆が怖々覗

写真4

写真5

いている。次に名古屋高速の下の四十一号線を超え、武家屋敷を購入して造られたカトリック主税町教会へ。ここは聖堂だけでなく庭に造られたルルドの洞窟を模した洞窟と聖母像（写真3）が珍しい。その後、武家屋敷風の門構えの料亭や、高級フランス料理店となっている大正期の洋館を少々恨めしげに通り過ぎながら、背後の現代的なマンションとの対比も鮮やかな主税町長屋門（写真4）へ。この門は江戸時代のまま残っている唯一の建築物であり、武家屋敷であったことを示す門番の部屋と納屋もある。その後、このエリアの象徴である「二葉館」（旧川上貞奴邸）の和洋折衷な外観（写真5）を暑さで朦朧と眺めつつ、最後の見学地であり展示会場でもある旧豊田佐助邸（写真6）へと向かう。

　佐助邸は洋館と和館から成り、一階の洋室の「とよた」の文字を鶴でデザインした換気口や二階の和室の襖絵などが見所であるが、今日は少し様子が違う。前庭の入り口には見学者のための白い軍手が用意され、庭には植物が配されてその植物の一部の映像がディスプレイ上で流れている。見学者が庭に手袋をして歩きまわると、その白い手が陽の光の下に浮き上がって見えて、閑寂な庭が生き生きしてきた。そう、観客参加型のアートなのである。ほかにも

写真6

二階の和室にて「『小屋がけ禁止』の世界」、「千住四十五分」、「月二蝶」の展示が行われ、照りつける太陽から逃れて一休みしている人々の目を引いていた。その場での出会いからその都度生まれる面白さがあると言う作者の言葉に聞き入っている内に、すでにカルチュラル・タイフーンが始まっていたことに気がつく。

　午後や次の日には、この地に深く関わるまち作り活動についてや多文化共生や移民に関わるパネルセッションがあり、夕方には市政資料館前での映像投影を含んだ懇親会が控えている。午前中の「まち歩き」はあっという間に終わってしまったが、その後の出会いとつながりの中で再構成されながら、この「まち」をめぐる経験は続いていくだろう。

(反)グローバリズムの手ざわり

樋口拓朗

G8サミットと反G8運動

「あらゆる多国籍企業をボイコットした都市生活には現実味を感じられない」。これがこんにちの消費社会を生きる上では妥当な生活感覚になるのだろう。それはどこか、グローバリゼーションがわたしたちの日常のほんのすぐそばにまで近づいていることを物語る。まさにその手ざわりが感じられるかのように。世界中に着々と浸透しつづけるグローバリズムは、しかし同時にそこへの対抗軸も形成させ、着々と世界中に波及させてもいる。グローバルなプロテストネットワークが構築されつつある。

二〇〇七年六月、ドイツ・ハイリゲンダムでG8サミットが開催された。それと同時にその裏側では、G8が推し進めるグローバリゼーションへの反対行動が組織され、世界各地から八万人の抗議者が集い合わせた。日本からそこに参加した一人のアクティビストをカルチュラルタイフーンに招聘し、名古屋でドイツ反G8の参加報告展示をしてもらった（写真1）。彼は、東京都新宿区に「Irregular Rhythm Asylum（以下IRA）」という世界中の自費出版物や自主制作物を扱う非営利の本屋を開いている。そこは、料理会や映画会が催される場所でもあり、ゲストを招いてのワークショップが開かれる場所でもあり、アクティビストたちが集い出会い行動計画を立てる場所でもある。年齢・性別・職業・国籍等多様な属性の人たちが居合わせ、思い思いに珈琲を飲んだり、ごはんを作ったり、ときどきレジで働いたりして、様ざまな人たちが交差しながら毎日が進んでいる。こうしたIRAのような場所を欧米ではAutonomous Spaceと呼ぶ。参加報告では、かつてIR

写真1

写真2

コペンハーゲンの講演会場となったFolkets Husの内側。

ハンブルクの講演会場となった元オペラハウスのAutonomous Space。ドイツでのG8期間中はコンバージェンスセンターとして機能した。

Aを訪れたシアトルやコペンハーゲンやウィーンのアクティビスト達と、ハイリゲンダムで再会することができた話を聞かせてくれた（写真2）。

トランスナショナルなアクティビスト・ネットワーク

二〇〇八年七月、北海道・洞爺湖でG8サミットが開催される。そしてやはり、この国際会議をターゲットにした反対行動に世界中からアクティビスト達が集まってくる。G8を招けば、G8に反対する人も招くことになる。ただ、しずかに待っているだけでは誰もやって来ない。ホスト国のアクティビスト達は、反グローバリズム運動への動員を呼びかける講演会を開くために世界各地を行脚して回る。その際、向かう先々がIRAのようなAutonomous Spaceになる。各地のアクティビストと連絡を取り合い、プレゼンをし、集い合わせた人びとと出会い、一緒にごはんを作り食卓を囲み、その人の家に泊めてもらう。そのプロセスのひとつひとつが日本と各地のアクティビストとの関係・提携を蓄積させ、トランスナショナルなプロテストネットワークは生き始める。二〇〇八年三月、成田さんと僕は、デンマーク、ドイツ、ポーランド、オランダ、ベルギー、スイス、フランス、スペインの二五都市を回った。

反グローバリズムの手ざわり

——成田圭祐（IRA）

僕たちのプレゼンテーションでは、日本の帝国主義の歴史や格差社会の現在、そして反G8の取り組みについて本当に基本的なところから解説した。というのも、ヨーロッパのアクティビスト達は、日本の政治運動についてほぼ無知であった。しかし、日本開催のG8をきっかけにした日本のアクティビストとのネットワーク構築に強い関心を持っていることは、はっきりと伝わってきた。どの都市を訪れても、日本での反G8行動に参加することを計画している数人のアクティビストに必ず出会うことができた。日本まで来ることができない場合、それぞれの地域で独自に反G8行動を組織することを約束してくれることもあった。実際にプレゼンテーションの直後に、その場で国際連帯行動のためのワーキング・グループが形成されるというケースもいくつかあった。彼／彼女らの迅速な実行力は頼もしい。今年の反G8行動を機会に、組織間の儀礼的な連携ではない、一人一人の直接的な繋がりを基礎とした自律的なネットワークが日本にもますます拡大していくことを願う。

展示セッション
――カルタイ名古屋 vs. 野外研

加美秀樹

カルタイ参加・展示への経緯

第五回カルチュラル・タイフーン in 名古屋（カルタイ名古屋）の開催に際し、鶴本花織実行委員長より野外活動研究会（野外研）へ、出品展示の依頼があった。

参加に当たって、展示の内容と規模に対して期間がわずか二日間と短いこと、搬入が平日であること、会期中の当番の問題など、幾つかの難問が持ち上がったが、野外研メンバーに参加協力を請願するとともに事前の計画および手配・調整を行うことで、徐々に具体化していった。野外研の参加は、私が責任を持って仕切ることが条件となったが、「カルタイは祭りなので、パッと見せてパッと仕舞うのもいいのではないか」との、岡本信也野外研代表の一言に勇気付けられた。

野外活動研究会のあゆみ

野外研は、一九七四年の三重県鳥羽市神島におけるフィールドワークが契機となり、岡本信也を中心にフィールドワークの同志的集まりとして発足したグループである。考現学をベースにしながら、人や自然の営みなど多岐にわたる分野の観察・採集・記録を行い、愛知県を中心に今日まで三十余年におよぶ活動を繰り広げている。

一九七五年からは東海地方の町や村のフィールドワークを実施し、報告書を刊行。一九七六年には会員相互の交流を図ることを目的にフィールド会報「フィールドから」（季刊）を創刊し、二〇〇八年二月発刊号で一〇五号を数える。

一九八五年からフィールドカードの交換会を開始。一九八九年から「私のえらんだ文化財」の選定を始め、後に文化財登録制を導入して、二〇〇七年末時点での登録件数は二千件を超える。

一九九二年に「私のえらんだ文化財研究」がトヨタ財団「第六回市民研究コンクール・身近な環境を見つめよう」の予備研究助成を受け、同年に本研究の助成が決定。一九九五年には同コンクールで最優秀賞を受賞している。

通常の活動としては、約二十人の中心メンバーが、月一回の合同フィールドワーク及び会合と年一回の展覧会をはじめとする研究発表を長年継続している。近年では、「わたしの選んだ文化財」の登録、小型移動博物館「ミュージアムボックス」の制作、市井の人々の創作美「軒下芸術」の採集、都市の変化を見つめる「駅前観測」・「東区調査」などを共通研究のテーマにしながら、各メンバーが独自の視点による研究テーマを並行して持ち、それぞれの活動を展開している。

展示の内容について

カルタイ名古屋の展示会場として用意された名古屋市市政資料館で、野外研には第三・四展示室が充てられることとなり、観覧者の導線を考慮したプランを立案した。

第三展示室は、野外研メンバーの立体的作品をメインとし、カルタイ名古屋開催エリアの愛知県、名古屋市、東区を切り口とする採集記録をまとめた作品を展示した。箱の中に博物学的要素を凝縮した小型移動博物館の「ミュージアムボックス」は、エリアに関連のものを選択して並べ、現物展示の井戸ポンプやタイル流し台は、リアルな訴求力を発揮した。長年にわたりフィールドワークを続け、生活、風俗、道具などの調査を行ってきた野外研メンバーの蓄積は、地域における時代の変化を明らかにするものが多く、一般観覧者の目をも十二分に楽しませた（写真1）。

第四展示室は、東区内を事前にフィールドワークし、そこで採集した事象を画像と

写真1　第3展示室の風景

写真2　第4展示室の風景

言葉で記録した「フィールドカード」にまとめて展示し、地域性と時代性が感じられる内容とした。カードは、野外研に加え、「東区まちそだての会」と「遊歩会」の各メンバーが作成し、約百五十枚が集まった。様々な視点で記録されたカードを分類し、編集作業を行いながらパネルに貼る場所や順番を決めた。カードを張り込んだパネル間の壁面や床面には、名古屋市東区内で採集記録した〝考現学的なるもの〟の写真を実物原寸大に拡大コピーしたフォトインスタレーションを展示した（写真2）。

カルタイ参加・展示の総括

カルタイ名古屋の開催地となった名古屋市東区は、市内の中でも旧い建物が今も幾分かは残る。私は東区に居を移し、二〇〇八年春で丸二十年を迎えるが、今日までに幾つもの近代建築や長屋、樹木などが失われてきたのを目の当たりにしてきた。旧いモノが残るのに越したことはないが、残らなくてもそれは仕方がないと考える。しかし、フィールドワークによる採集記録があれば、時代と地域の証言にとって、ほんの僅かにしろ役に立つはずである。

野外研では数年前より東区のフィールドワークを重ねてきたが、カルタイ名古屋への展示参加は、東区の調査・研究におけるひとつのマイルストーンとなった。カルタイ以降もなお東区研究は継続しているが、激しい時代の変化の中で新旧がせめぎ合う状況にある東区を、今後も定期的に歩き、調べ、集め、まとめ、見せていきたいと思う。

カルタイ名古屋への出品リスト

●岡本信也＝「ごみ考現学」盆景＆パネル（写真3）、「井戸端の風景」ミュージアム・ボックス＆パネル、「転用植木鉢」パネル、フィールドカード
●岡本大三郎＝「屋根神」パネル、「火の見やぐら」ミュージアム・ボックス＆パネル（写真4）、フィールドカード
●岡本靖子＝「下町のもの干し」パネル、「樋の先っぽ」パネル、「おばあさんの着せ替え」ミュージアム・ボックス（写真5）、フィールドカード
●沖てる夫＝フィールドカード
●梶原敏明＝フィールドカード
●加美秀樹＝「金鯱型録」ミュージアム・ボックス＆パネル（写真6）、「名古屋市東区考現学採集」フォト・インスタレーション（写真7・8）、フィールドカード
●佐宗圭子＝「井戸ポンプ」現物＆分布マップ（写真9）、「絵文字焼き」ミュージアム・ボックス＆パネル、フィールドカ

ード

●佐藤英治＝「軒下ミュージアム・路地」・「軒下ミュージアム・門」・「軒下ミュージアム・玄関」ミュージアム・ボックス（写真10）、フィールドカード

●嶋村博＝「ガチャポンのマーク」・「ガス契約マーク（写真11左）」・「戸口のおまもり（写真11右）」ミュージアム・ボックス、フィールドカード

●武谷直子＝「タイル流し台」現物&パネル（写真12）、フィールドカード

●中根康高＝フィールドカード

●平田哲生＝「都市の引き出し」ミュージアム・ボックス（写真13）、フィールドカード

●山田真澄＝フィールドカード

●山田稔＝「平成バブル落書き分布図マップ」パネル（写真14）、フィールドカード

●東区まちそだての会＝フィールドカード

●遊歩会＝フィールドカード

野外研が開催した展覧会

1981「町のフィールド」展（10/28～11/1、名古屋市博物館）

1988「街角の考現学」展（各所）

1989「くらしの観察」展（財団法人名古屋市文化振興事業団文化基金事業、11/21～26、名古屋・電気文化会館）

1990「私のえらんだ文化財」展（11/20～25、名古屋市政資料館）、「私のえらんだ文化財 OKAZAKI」展（10/21～26、三井海上岡崎ギャラリー）、「身辺からのメッセージ」展（12/3～8、名古屋市市政資料館）

1992「私のえらんだ文化財登録用紙の展覧会」（11/21～23、名古屋市市政資料館）

1993「身辺の学にむけて」展（9/2～5、名古屋市市政資料館）

1994「身辺の学事始」展（9/20～25、名古屋・愛知芸術文化センター）

1995「身辺の学／目からウロコ」展（1/10?15、名古屋市民ギャラリー栄）

1996「暮らしのウォッチング・転用の博物誌」展（9/5～11/25、鳥羽・海の博物館）、「転用の博物誌」展（11/21～26、横須賀・東京ガスT3YOKOSUKA）

1997「目からウロコ」展（5/27～6/9、ロフト名古屋）

1999～2002「ミュージアム・ボックス」展（12回シリーズ、ロフト名古屋）

2001「身近なマチのフィールドワーク／ミュージアム・ボックス」展（7/4～29、名古屋・ZONE）

2003「まちの観察日記」展（6/21～7/4、北名古屋・N／N）、「目からウロコの日常物観察」展（9/6～20、東京・吉村順三ギャラリー）、「日常に偏在するアート」展（名古屋市民芸術祭主催事業、10/7～19、名古屋市民ギャラリー矢田）

2004「まちの観察日記」展（7/28～8/28、美濃加茂市民ミュージアム）

2005「まちかどのおばあちゃん」展に協力（2/1～27、知立市歴史民俗資料館）、「ミュージアム・ボックスのすすめ」展を共催（3/28～5/6、豊橋・愛知大学記念館）

2006「まちの観察日記」展（3/29～4/2、名古屋市短歌会館）

2007「日常物を観察し暮らしを読む。」展（2/4～25、東近江市永源寺図書館）、常滑アート&デザイン工場『利助 三信 佐平治』」展に参加（4/28～5/6、名古屋芸術大学常滑工房ほか）、「第5回カルチュラル・タイフーンin名古屋」に展示参加（6/30・7/1、名古屋市市政資料館）、「とよかわ街中ミステリー探索と考現学」展（9/15～10/14、豊川・桜ヶ丘ミュージアム）

写真４「火の見やぐら」岡本大三郎

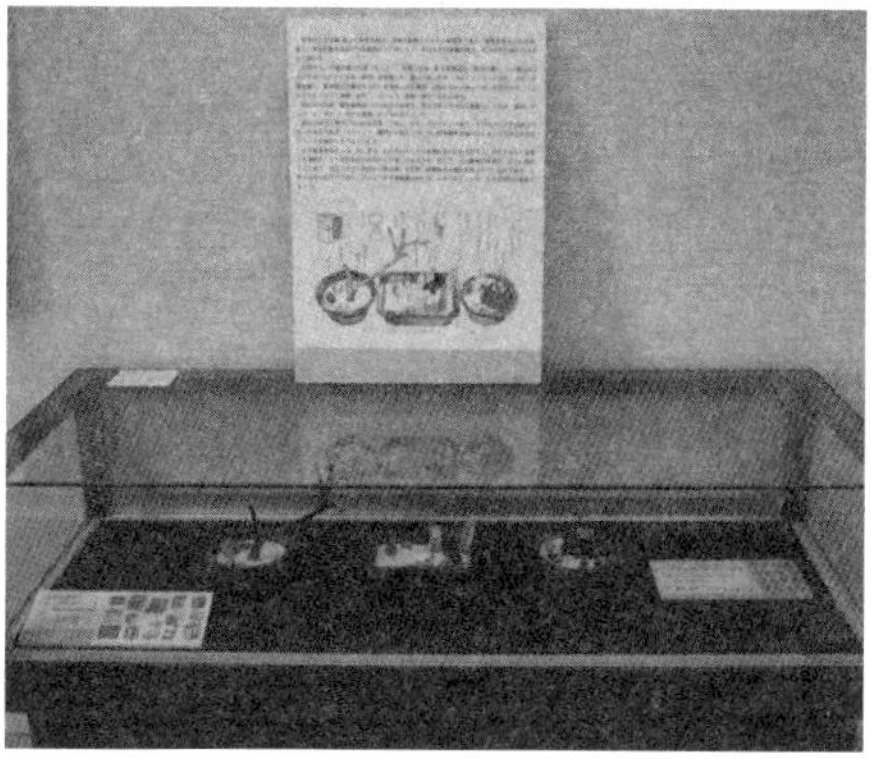
写真３「ごみ考現学」岡本信也

写真６「金鯱型録」加美秀樹

写真５「おばあさんの着せ替え」岡本靖子

写真８　フォトインスタレーション、フィールドカード

写真７　フォトインスタレーション、フィールドカード

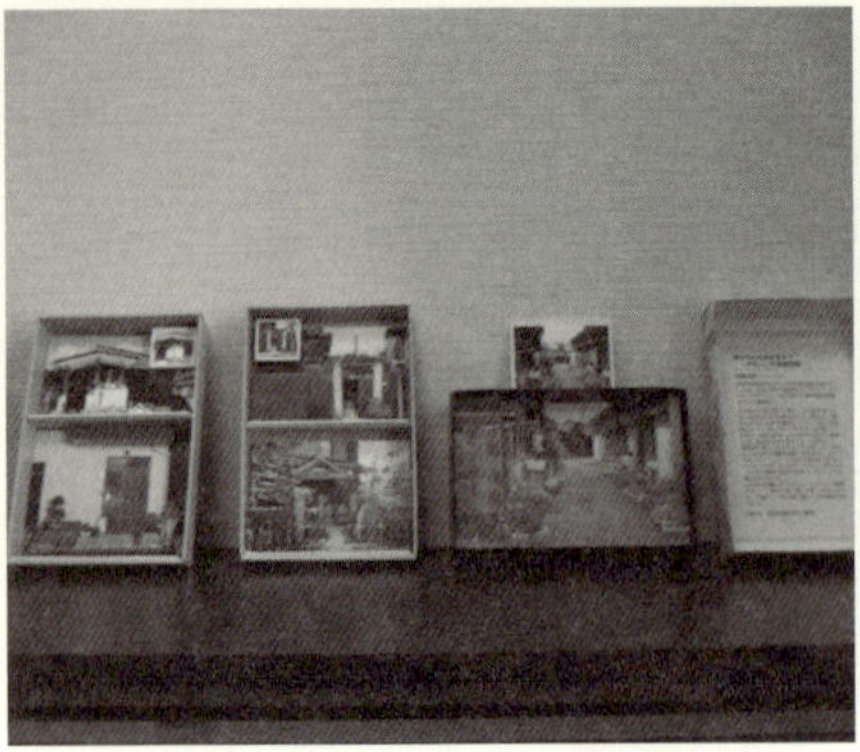

写真10「軒下ミュージアム」佐藤英治

写真9「井戸ポンプ」佐宗圭子

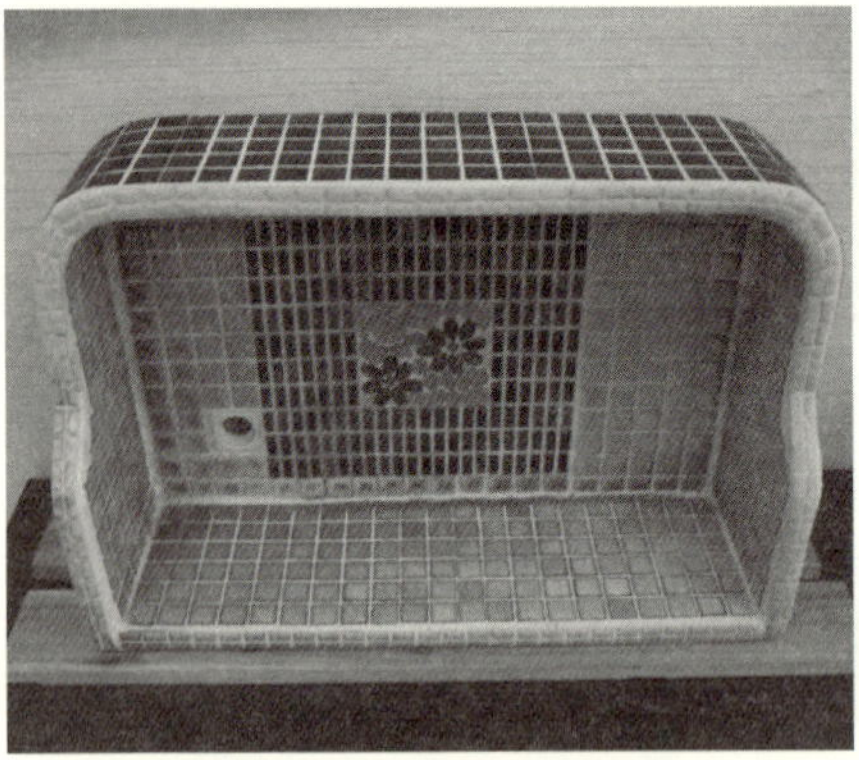

写真12「タイル流し台」武谷直子

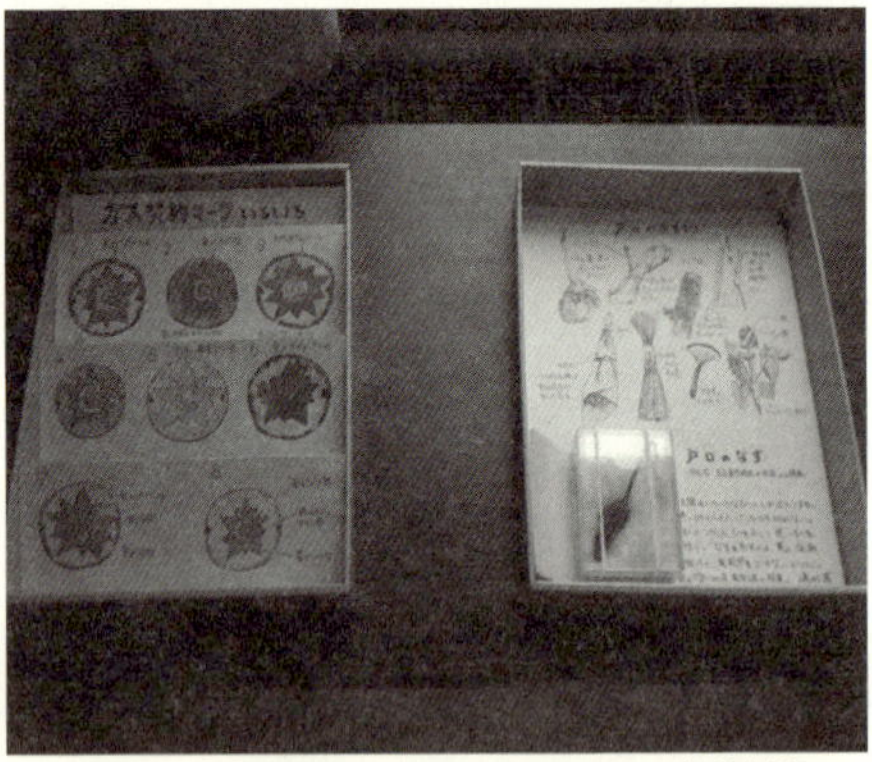

写真11「ガス契約マーク、戸口のおまもり」嶋村博

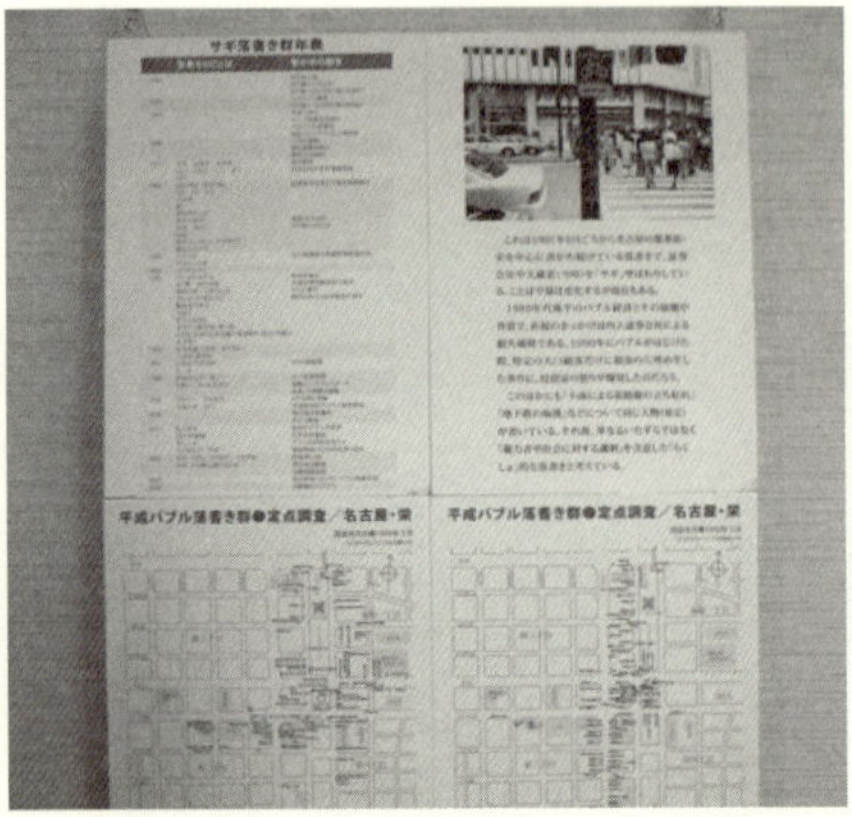

写真14「平成バブル落書き分布マップ」山田稔

写真13「都市の引き出し」平田哲生

執筆者紹介

鶴本花織（つるもと　かおり）
名古屋外国語大学現代国際学部。以前は「日本人」という主体団が明治期にどう構築されたかが研究テーマだったが、最近はジェンダーやカルチュラル・スタディーズ関連のトピックスにやたら詳しい。今後、日本の消費文化を研究テーマにしてみたい。

西山哲郎（にしやま　てつお）
中京大学現代社会学部。社会や文化を、身体を手掛かりとして考える作業を自己の課題としている。最近のテーマは、地域社会とスペクテイタースポーツの関係や日常生活に浸透する科学言説など。

松宮 朝（まつみや　あした）
愛知県立大学文学部。外国籍住民の増加と地域再編について、愛知県西尾市でのフィールドワークをもとに研究を進めている。今後は他の地域との比較研究を行っていく予定です。

伊原亮司（いはら　りょうじ）
岐阜大学地域科学部。自動車産業を主なフィールドとし、働く場から現代社会を読み解く研究に取り組んでいる。経済の論理だけでなく、社会的・政治的・文化的な側面に注目し、現場における管理と労働の複雑な関係の理論化を試みている。

藤原あさひ（ふじわら　あさひ）
名古屋大学大学院国際言語文化研究科ジェンダー論講座後期課程。大学非常勤講師をしながら（英語、ジェンダー論、家族論）、グローバリゼーションにおけるケア労働の国際移動に関する研究をしている。

西村雄一郎（にしむら　ゆういちろう）
愛知工業大学地域防災研究センター。企業の防災や従業員行動に関する研究。企業向け防災システムの保守管理を行う大学ベンチャー企業の経営にも取り組んでいる。

イシカワ　エウニセ　アケミ
静岡文化芸術大学文化政策学部。日系ブラジル人のエスニック・アイデンティティの形成過程の研究。現在、在日ブラジル人第二世代の生活実態に焦点を当て、日本における「多文化共生」の在り方を考えていきたい。

米勢治子（よねせ　はるこ）
浜松学院大学現代コミュニケーション学部
東海日本語ネットワーク。留学生への日本語教育、日本語教員養成、地域における生活者としての外国人住民への日本語支援、日本語ボランティア育成に関わっている。多文化共生社会の構築を目指した地域日本語教育の方法と人材育成が課題。

岩崎 稔（いわさき　みのる）
東京外国語大学外国語学部。文化的記憶や集合的記憶という想起と忘却のダイナミクスをめぐって、理論構築と事例研究とのあいだでジタバタしつづけている。

阿部亮吾（あべ　りょうご）
愛知工業大学大学院工学研究科。エスニシティと都市空間について研究している。表象と物質、言説と空間を手がかりにしながら、最近は名古屋のフィリピン人コミュニティの文化実践にも興味を抱いている。

塩原良和（しおばら　よしかず）
東京外国語大学外国語学部。社会学の観点から、多文化主義（多文化共生）の理念や政策について研究している。現代オーストラリアを主なフィールドにしつつ、日本社会の状況にも目配せをしながら調査や理論的考察を進めている。

アンジェロ　イシ（Angelo Ishi）
武蔵大学社会学部。90年に来日して以来、在日ブラジル人の動向を追跡してきたが、今後は世界各国に移住したブラジル人にもっと注目したい。また、マスメディアによるブラジル（人）の報道・表象をも牽制し続けたい。

渋谷典子（しぶや　のりこ）
ＮＰＯ法人参画プラネット　名古屋大学大学院法学研究科。日々の実践とつながっている、ＮＰＯ「活動者」と労働法に関する研究。実践と研究の境界線上に存在する、わたし自身を実感しています。

中山正秋（なかやま　まさあき）
ＮＰＯ法人橦木倶楽部。地域の歴史と文化の掘り起こしがライフワーク。現在、管理・活用している「文化のみち橦木館」のある名古屋市東区から名古屋市全体、さらに尾張地域へと興味・関心の輪を拡げている。

鈴木慎一郎（すずき　しんいちろう）
信州大学全学教育機構。カリブ海発の文化について研究。最近はとくに、ゾンビ的なもの、もっと言えば、ゾンビ化されることへの恐怖について、同時代の他の表現文化との呼応も気に留めつつ、探っていきたいと思っている。

渡辺克典（わたなべ　かつのり）
名古屋大学大学院環境学研究科。「社会／社会的なもの」に関心があります。「社会」と「文化」の関係を考えていきたいと思っています。

竹内瑞穂（たけうち　みずほ）
名古屋大学大学院文学研究科。近代日本における〈逸脱者〉をめぐる文化の研究。〈逸脱者〉のイメージを生み出してきた言説空間を精緻に分析し、差別する／されるといった二項対立では捉えきれない、社会的・文化的な権力構造の解明を試みている。

北川啓介（きたがわ　けいすけ）
名古屋工業大学大学院工学研究科。つくり領域計画と非計画の狭間に生じる文化的・歴史的・事象的な観点から建築と都市を逆照射して論究するために骨身を削った実践を継続しており、最近は経済産業省やＥＵからの依頼も受け、国内外の文化政策にも参画している。

稲津秀樹(いなづ　ひでき)
関西学院大学社会学研究科。「外国人」という存在をめぐって、現場との往復の下で研究を進めている。最近は、「共生」を謳う「民族まつり」と、「管理」の行き着く先としての「外国人収容所」が同居する社会の不思議をめぐって思索している。

五十嵐素子（いがらし　もとこ）光陵女子短期大学国際コミュニケーション学科。教育現場を主なフィールドとし、人々が知識を共有し共同作業する方法について、エスノメソドロジー・会話分析の立場から考察している。現在の関心は、子どもの「発達」現象を規範の配分の観点から捉え直すことなど。

樋口拓朗（ひぐち　たくろう）
名古屋大学環境学研究科。90年代後半から興隆してきたグローバル社会運動の日本・アジアでの発生と展開を追っている。とくに、価値前提の異なるアクティビスト同士が行動を共有する中での衝突と折衝について、傍らに赴きながら考えている。

加美秀樹(かみ　ひでき)　野外活動研究会。考現学をベースにフィールドワークを実践する野外研に1980年代半ばより所属。研究対象は、明治から戦前にかけての近代建築、名古屋城を中心とした金鯱意匠、火鉢・井戸ポンプ・乳母車などの昭和の道具類ほか。

カルチュラル・タイフーン2007 in NAGOYA　プログラム

プレ・セッション

6月29日（金）、6月30日（土）

『移民の記憶 第1部 父たち』上映会
（ヤミナ・ベンギギ／1997年／フランス／160分（日本語字幕）／Canal+／Bandits）

メイン・セッション

6月30日（土）13時〜14時45分

「想像のトヨティズム——グローバリズムのゆめとうつつ」
ウィルあいち「ウィルホール」
パネリスト：
・伊原亮司（岐阜大学地域科学部）
・田中九思雄（フィリピントヨタ労働組合を支援する愛知の会）
・武者小路公秀（大阪経済法科大学アジア太平洋研究センター）
司会：小倉利丸（富山大学経済学部）

パネルセッション（1）

6月30日（土）14時55分〜16時55分

メディア・スタディーズ
司会：伊藤守
谷村要 インターネットを介したパフォーマティブな実践、「祭り」：「涼宮ハルヒの憂鬱」ファンによる活動の事例から
TSE,Yu-Kei The New Media Consumption Bit Torrent Brings: TV Watching Beyond the Time and Space Boundaries

多文化共生の構想と市民参加
司会：松宮朝
岩村ウイリアン雅浩 ブラジル人青年の就学と就労
塚原信行 ラテンアメリカ系児童の母語・継承語学習をめぐる諸問題
糸魚川美樹 多言語情報再考
松宮朝・山本かほり 地域住民としての外国人をめぐって

声の文化を考える:ろう者と吃音者の視点から
司会：坪井秀人
澁谷智子 聞こえない人の声の表象
野呂一 声の規範とろう文化
渡辺克典 吃音者における声の規範と当事者運動

奄美の産業・社会と歴史・文化の相剋
司会：大橋愛由等
酒井正子　奄美出身者におけるヤマトでの"うた"の展開
前利潔 奄美（沖永良部）出身者のヤマトの移住史
弓削政巳 奄美の周辺資料からみる歴史のダイナミズム

〈まちづくり活動〉にみる「公的／私的」の再編
司会：鶴本花織
コメンテイター：THORSTEN, Marie
KLIEN, Susanne Public-Private / Contemporary Art and Politics : The Case of Echigo-

Tsumari Art Thiennal 2006
道尾淳子 IONプロジェクト：色音匂いの地図づくりワークショップ
加美秀樹 都市の狭間に咲く市民芸術：町の観察で新たな発見を楽しむ
中山正秋 歴史的建築資源の保存・活用に関する市民組織と行政の協働について

パネルセッション（2）
7月1日（日） 9時30分～11時30分

京阪神の民族まつり、マダンの実践からみた"グローカル"
司会：藤井幸之助
片岡千代子 グローバルとローカルがせめぎあう：「地域の祭り」、京都「東九条マダン」をめぐって
李鐘太 未来へ広がる楽しいまつり、意義あるまつり、多文化交流のまつり、これこそ「尼崎民族まつり」！！
李俊一 「統一マダン神戸」に関する実践報告
稲津秀樹 ふれあい芦屋マダン／Friendship Day in Sanda：ローカル社会に転じたまつり／転じきれないまつり

今ここから移民を考える
司会：阿部亮吾
コメンテイター：近藤敦
賽漢卓娜 多文化共生社会をめざして：中国人「農村花嫁」のプッシュ要因に対する理解を手がかりに
米勢治子 多文化共生社会は可能か：日系労働者を対象にした日本語支援の課題
新海英史 オランダの移民統合政策の理念と実践：市民化講習（Inburgerings Programma）を事例に

サブカルチャーとオルターナティブな生産関係
司会：田中東子
コメンテイター：浅見克彦
鈴木慎一郎 音楽の"ハイパープロダクティヴィティ"について
山本敦久 クリティカル・ライディング：スノーボード・カルチャーとオルタナティブな生産
田中東子 偽装錬金:コスプレ少女によるオルタナティブ・スペースの生成

トランスナショナル・アイデンティティ
司会：長尾洋子
HUDSON, Gillian "Buzz Rickson's Genuine Wear": The cultural politics of reproduction vintage American military flight jackets in Japan
MONTY, Aska Taming the Hatred/Beloved Other : the Representation of the Otherness in commercials and entertainment programmes, the Korean Japanese case
塩原良和 あらゆる場所が「国境」になる：オーストラリアの難民申請者政策

メディアにおける＜ローカル＞の表象 presented by 「ローカルの不思議」プロジェクト
司会：坂田邦子・北村順生
小川明子 「東京」と「ローカル」をめぐる問題の所在
崔銀姫 メディアの表象文化と"他者"をめぐって
西田佳弘 「ローカルの不思議」プロジェクトに参加して1
鈴木優香里 「ローカルの不思議」プロジェクトに参加して2

パネルセッション（3）
7月1日（日） 12時45分～14時45分

Negotiating Citizenry; Performing Nationhood; The consciousness of modernity in the East Asia
司会：LEE, Yongwoo
LEE, Yongwoo Repatriated Colonial Specters

in the U.S. military base stage : the Postwar imaginary of America in the Korean Popular music

JUNG, Jihee Playing Individuals as Voluntary Performers : Audience Participation-based Entertainment Programs on Radio and the Imagined Liberal Capitalist Citizenry in Japan under the U.S. Occupation

CHOO, Kukhee Re-negotiation or Re-enforcement? Japanese Government's Cultural Policies from Meiji to the End of the Millennium

SUN, Yuwen Anti-heroes and Youth Culture : Comparison between American comics and Japanese manga during 1960s-1970s

NAGAHARA, Hiromu Democratic Discipline? Postwar Japanese Discourses on Popular Songs and the Struggles Over the 'Moral Citizen', 1945-1955

移民と女性

司会：重原惇子

コメンテイター：須藤八千代

翁川景子 「失われた／失われゆく女性」たちの行方

渋谷典子 労働法とNPO：労働法を通してみる新たな市民社会の形成のあり方

齊藤百合子 ジェンダーから見る移住労働と人身売買：人身売買"被害者"の主体とエージェンシーをめぐる一考察

ジェンダーとセクシュアリティ

司会：菊地夏野

黒岩裕市 同性愛は終わるのか：マルセル・プルースト『ソドムとゴモラI』と堀辰雄『燃ゆる頬』

浜田幸絵 戦前期日本のオリンピックにおける「女性」：「国際親善大使」としての日本女子選手の誕生

風間孝 ジェンダーフリー／性教育バックラッシュと「性的マイノリティ」

Multiculturalism in Aichi

司会：鶴本花織

KOSTEVC, Robert Foreigner Literacy is the Key to Full Civic Participation : A Critical Pedagogical View

MOOREHEAD, Robert Ethnic Boundary Enforcers: Conceptualizing Japanese Teachers' Treatment of Migrant Latino Parents

路上：移動性、摩擦、そして衝突

司会：栢木清吾

コメンテイター：小笠原弘毅

李思璇 台湾のTelnet-BBSにみられる場所性の考察：PttHistoryを事例にして

小池利彦 機動都市：人種／交通渋滞をめぐる思想

栢木清吾 さまよえるインド人：駒形丸事件と移動の政治学

パネルセッション（4）

7月1日（日） 12時55分～16時55分

Transnational Circulation of Popular Culture Among the U.S., Japan and HongKong

司会：鈴木繁

鈴木繁 A Posthuman Dystopia : Race, Imperialism, and Masochism in Numa Shozo's Yapoo: _the Human Cattle_

WANG, Andy Tracking Initial D : Street Racing and (Trans-)Asian Masculinity

中垣恒太郎 Quests for Trans-cultural Desire and Identity : Ho-Cheung Pang's _AV_(2005) and Tetuaki Matsue's _Identity_(2004)

エリコ・コサカ Reconsidering Japanese American Sexual Identity : Sansei Masculinity in David Mura's _Where the Body Meets Memory_ and Perry Miyake's _21st Century Manzanarr_

多文化社会における「文化」をめぐる問い

司会：岩渕功一

原知章 多文化社会をめぐる議論において、どのように「文化」を語るべきか？

清水知子 多文化共生社会の想像力とそのパラドクス
岩渕功一＆学部ゼミ生 文化シティズンシップ：社会への帰属と文化的権利をフィールドから考える

政治と文化
司会：毛利嘉孝
田中佑弥 路上に立つ身体
樋口拓朗 DIY文化による集合性

移動、記憶、表象
司会：岩崎稔
イシカワ・エウニセ・アケミ 「在日日系ブラジル人の経験」
アンジェロ・イシ 移民の表象：ブラジル人映像作家の作品と比較して
西山雄二 フランス近代植民地主義におけるアルジェリアの記憶

近代日本のジェンダー表象：メディアの中の少年・少女・逸脱者
司会：寄藤昂
泉陽一郎 明治中期の少年雑誌に描かれた理想的男性像
中川裕美 夢見る少女、軍国少女から少国民へ、再定義される少女像
竹内瑞穂 近代国家の〈逸脱者〉たち：大正期雑誌メディアにみる同性愛者イメージ

パラサイト・シネマ＋交流会
6月30日（土） 17時30分～20時30分

オゾンのダンス
本多桃子

だって私も女の子だモン
Team Oka

金魚づくし
星裕子

第一回リスボン建築トリエンナーレ
出展作品　メキシコチーム
Taro Zorrilla

展示・パフォーマンス
6月30日（土）、7月1日（日）

Untitled
6月30日／7月1日
豊田佐助邸 前庭・縁側
山内亮二

千住４５分
6月30日／7月1日
豊田佐助邸 2階南西側和室
東京藝術大学音楽環境創造科プロジェクト５（毛利嘉孝ほか）

月ニ蝶
6月30日／7月1日
豊田佐助邸 2階南東側和室
月のののうさ

「小屋がけ禁止」の世界
6月30日／7月1日
豊田佐助邸 1階北西側和室／1階南西側和室
日進大酒呑み旅団

《EXPANSION OF LIFE：生の拡充》《Irregular Rhythm Asylum》を通しての実践の報告
7月1日
豊田佐助邸 1 階東側和室
成田圭祐

Rayer
6月30日／7月1日
名古屋市政資料館 第1展示室
平川祐樹

白壁の色音匂いの地図づくりワークショップ展

6月30日／7月1日
名古屋市政資料館 第2展示室
レイヤード・マップ・ナゴヤ・プロジェクト

ミュージアムボックス&フィールドカード
6月30日／7月1日
名古屋市政資料館 第3、第4展示室
野外活動研究会

カルチュラル・タイフーン2007in名古屋 実行委員会

阿部亮吾 （名古屋大学）
チャルシムシェク・ニライ （名古屋大学）
藤原あさひ （名古屋大学）
市川智英 （パラサイト・シネマ 名古屋工業大学）
五十嵐素子 （光陵女子短期大学）
井上惠介 （名古屋工業大学）
加美秀樹 （東区まちそだての会・野外活動研究会）
樫村愛子 （愛知大学）
加藤千尋 （愛知大学）
北川啓介 （パラサイト・シネマ 名古屋工業大学）
松宮朝 （愛知県立大学）
中山正秋 （東区まちそだての会）
西山哲郎 （中京大学）
西村雄一郎 （愛知工業大学地域防災研究センター）
鈴木規夫 （愛知大学）
酒井健宏 （名古屋シネマテーク）
渋谷典子 （NPO法人参画プラネット・名古屋大学）
竹内瑞穂 （名古屋大学）
遠山元気 （名古屋工業大学）
坪井秀人 （名古屋大学）
鶴本花織 （名古屋外国語大学）
渡辺克典 （日本福祉大学（非））
吉村輝彦 （日本福祉大学）

カルチュラル・タイフーン 運営委員会

阿部潔（関西学院大学）
岩崎稔（東京外国語大学）
伊藤守（早稲田大学）
岩渕功一（早稲田大学）
上野俊哉（和光大学）
小笠原博毅（神戸大学）
小倉利丸（富山大学）
坂元ひろ子（一橋大学）
崎山政毅（立命館大学）
多田治（一橋大学）
田仲康博（国際基督教大学）
冨山一郎（大阪大学）
長尾洋子（和光大学）
中川成美（立命館大学）
成実弘至（京都造形芸術大学）
本橋哲也（東京経済大学）
毛利嘉孝（東京藝術大学）
吉見俊哉（東京大学）

トヨティズムを生きる——名古屋発カルチュラル・スタディーズ

2008年9月15日　第1刷発行

編　者　鶴本花織・西山哲郎・松宮朝
発行者　船橋純一郎
発行所　株式会社せりか書房
東京都千代田区猿楽町1-3-11　大津ビル1F
電話 03-3291-4676　振替 00150-6-143601　http://www.serica.co.jp
印　刷　信毎書籍印刷株式会社

ISBN978-4-7967-0284-3